六盘山大型野生真菌图鉴

LIU PAN SHAN DA XING YE SHENG ZHEN JUN TU JIAN

黄国勇　刘朋虎　著

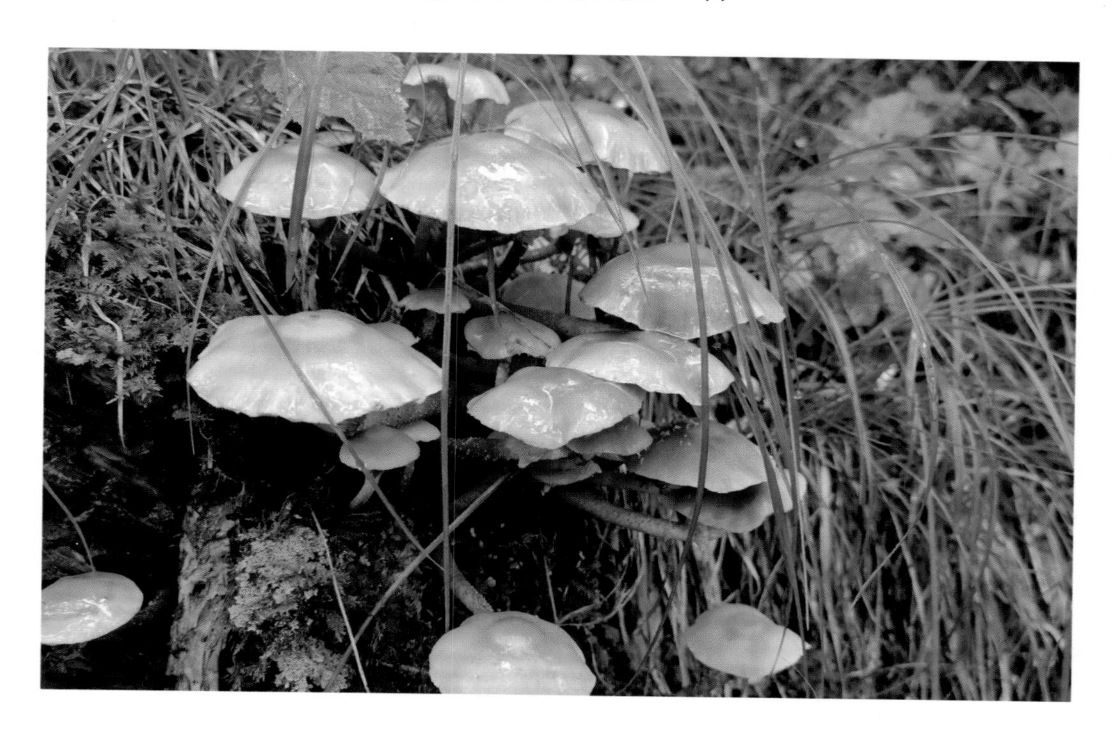

黄河出版传媒集团
宁夏人民出版社

图书在版编目（CIP）数据

六盘山大型野生真菌图鉴/黄国勇，刘朋虎著.
银川：宁夏人民出版社, 2024.10.--ISBN 978-7-227-08063-3

Ⅰ. Q949.320.8-64

中国国家版本馆CIP数据核字第2024J6D400号

六盘山大型野生真菌图鉴 黄国勇 刘朋虎 著

责任编辑 周淑芸 刘 艺
责任校对 陈 浪
封面设计 马 冬
责任印制 侯 俊

黄河出版传媒集团
宁夏人民出版社 出版发行

出 版 人 薛文斌
地 址 宁夏银川市北京东路139号出版大厦（750001）
网 址 http：//www.yrpubm.com
网上书店 http：//www.hh-book.com
电子信箱 nxrmcbs@126.com
邮购电话 0951-5052104 5052106
经 销 全国新华书店
印刷装订 宁夏凤鸣彩印广告有限公司
印刷委托书号 （宁）0031255

开 本 889 mm × 1230 mm 1/16
印 张 20
字 数 200千字
版 次 2024年10月第1版
印 次 2024年10月第1次印刷
书 号 ISBN 978-7-227-08063-3
定 价 298.00元

黄国勇

1958年出生，福建师范大学生物学专业毕业，福建农林大学国家菌草工程技术研究中心教授级高级农艺师。1981年开始从事食用菌栽培科研教学和推广工作，1997年作为菌草技术专家组成员到巴布亚新几内亚开展菌草技术重演示范，2000年至今一直在宁夏、新疆和甘肃等西北地区从事扶贫和援疆工作。主持过福建省科技厅科技重大和重点项目各一项，出版专著3本，发表科技论文20多篇。获教育部、农业农村部和宁夏回族自治区政府等省部级二等奖3项，获宁夏回族自治区党委、政府表彰3次。

刘朋虎

中共党员，福建农林大学国家菌草工程技术研究中心研究员、博士生导师。主要从事食用菌新品种选育，种质资源收集及保护，利用菌草、农林废弃物等资源栽培食用菌等研发工作，参与项目曾先后获得5项福建省科技进步奖，其中一等奖1项（第10），二等奖3项（第2、第2、第7），三等奖1项（第3）；获得福建省姬松茸新品种认定2个（第1、第4）；授权发明专利4件；主编著作1部，参编著作4部；近5年主持国家重点研发计划任务、福建省农业农村厅科技攻关项目、福建省科技厅引导性项目等多项国家级省级项目，第一或通讯作者发表论文50多篇。2021年1月获福建运盛奖基金会第二十六届福建运盛青年科技奖。

参加野外标本采集及考察人员

黄国勇　刘朋虎　沈小萍　马志宏　马玉芳

马　晖　马天明　邓　峰　禹光荣　南志远

标本整理： 吴文玲　王　冬

摄　　影： 黄国勇

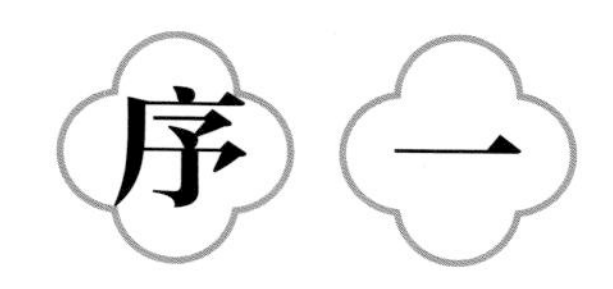

序一

真菌是地球生物圈中非常重要的类群之一。真菌无处不在，几乎影响着人类生活的方方面面，它们在保障人类食物供应、身体健康，以及维持地球生态系统平衡、大气化学气体成分稳定等方面起着至关重要的作用。据称，地球上的真菌有220万—380万种之多，而目前人们只认识其中的5%，还有大量的真菌有待发掘。至于大型真菌——蕈菌在地球上有15万—16万种，而已知的蕈菌仅为16000种左右，其中可安全食用的约有2000种。深入研究和发现蕈菌新物种及其与人类的关系任重而道远！

宁夏六盘山，是黄土高原上的一颗绿色明珠和重要生态功能区，拥有丰富的菌物资源。本书作者黄国勇教授，曾常驻宁夏、新疆，参加闽宁帮扶、援疆工作。其间，根据六盘山区地方党政领导的要求，对六盘山大型野生真菌进行了调查采集，运用菌物形态学和分子生物学方法，从大量的标本中鉴定出了250种大型真菌。本书针对这些真菌的形态特征、生长环境和用途做了描述，包括食用菌48种，药用菌31种，有毒菌33种，外生菌根菌38种，其余的物种作用价值有待进一步确认。

本书描述了六盘山大型野生真菌的种类及其形态特征、采集区域、生境与用途，图文并茂，通俗易懂，特别适合真菌爱好者、食（药）用菌科技工作者和开发经营者参考使用，是一部颇具特色、读之有味的好书。为此，乐予为序。

中国科学院院士，福建农林大学学术委员会主任、教授

2024年10月20日

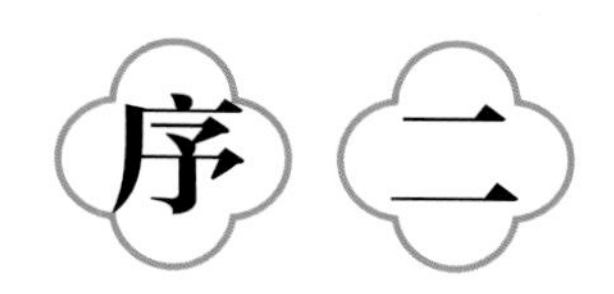

序 二

闽宁协作是习近平总书记亲自开创、亲自部署、亲自推动的伟大事业，承载着习近平总书记的殷切期望和心血汗水。28年来，闽宁协作成效显著，为东西部协作画上了浓墨重彩的一笔。福建农林大学1997年就派出专家团队，倾力参与闽宁协作工作，至今共派驻宁夏专家120多位，为闽宁协作作出了突出贡献。

六盘山是黄土高原上的一颗绿色明珠和重要生态功能区。六盘山的气候属于中温带半湿润向半干旱过渡带，具有大陆性和海洋季风边缘气候特点，气候多变，四季分明，年平均温度为5.8℃，年降雨量600—800mm，气候温和湿润，有“春去秋来无盛夏”之说。六盘山森林茂密，拥有丰富的植物、野生动物，被誉为“温带植物资源的基因库”，大型真菌资源非常丰富，具有广阔的进一步开发利用前景。

本书作者黄国勇教授级高工作为福建农林大学选派的闽宁协作专家团队成员，长期参与闽宁协作工作，从2000年开始，常驻宁夏等西北地区，深度参与东西部协作工作，曾获宁夏回族自治区党委、政府3次表彰，主持项目获宁夏回族自治区科技进步奖二等奖。作者在泾源县委、县政府的支持下，对六盘山大型野生真菌进行了全面调查，采集标本超500份，运用形态分类和分子分类的研究方法，鉴定出大型真菌250种，包括食用菌 48种，药用菌31种，有毒菌33种，外生菌根菌38种，价值不明确菌113种。

我曾于上个世纪90年代末到宁夏固原等地调研，彼时当地生态环境恶劣、土地贫瘠，作物产量低，农户饮水困难，温饱难以保障，让我终生难忘。2007年，我在原国家林业局挂职期间，又有机会到宁夏调研“三北”防护林体系建设。尤其是2018年以来，在国务院、闽宁两省区党委和政府领导的关心支持下，按照闽宁协作的要求，我深度参与了闽宁协作工作，由此与黄国勇同志有了进一步的交流和接触。食用菌产业是闽宁两省区互学互助、对口协作的帮扶重点，自治区党委、政府和固原市及泾源县高度重视食用菌产业。我十分关心关注六盘山野生真菌种质资源和食用菌产业发展情况。黄国勇同志有着扎实的理论功底、丰富的实践经验、刻苦的钻研精神和勇于扎根一线的品格，给我留下了深刻的印象。我全力支持黄国勇同志去开展六盘山大型野生真菌的分布和生长情况的调查，他们数易其稿形成了该书。

该书具有三个鲜明的特点：一是科学性。作者运用现代基因组 DNA 提取、ITS 的 PCR 扩增和测序、BLAST 比对鉴定技术、电子显微镜技术对标本进行分类鉴定，以确保各种菌菇的中文名和拉丁学名等信息的准确性。二是可读性。该书图文并茂，每一种菌菇都根据其重要的形态特征拍了照片，并附有文字描述，方便读者查阅识别。三是实用性。该书对每一种菌菇的生长季节、环境和用途都做了详细说明，有利于读者了解各种菌菇的生活条件、习性及利用价值。该书能为读者了解大型真菌提供帮助，为当地政府和企业开发利用六盘山野生菌菇资源、发展当地特色的菌菇产业提供借鉴，同时可作为真菌爱好者、高等院校有关专业师生、食（药）用菌科技工作者的主要参考资料。

是为序！

福建农林大学校长、教授、博士生导师

2024 年 10 月 20 日

前言

六盘山是陕北黄土高原和陇西黄土高原的界山，是黄土高原上的一颗绿色明珠和重要生态功能区。六盘山国家森林公园的气候属于中温带半湿润向半干旱过渡带，具有大陆性和海洋季风边缘气候特点，气候多变，四季分明。年平均温度为5.8℃，年降雨量600—800mm，气候温和湿润，有“春去秋来无盛夏”之说。六盘山国家森林公园森林覆盖率达80%以上，拥有丰富的植物、野生动物和菌物资源，被誉为“温带植物资源的基因库”，宁夏泾源县地处六盘山核心区。

1996年，福建和宁夏建立对口协作关系，福建农林大学对闽宁协作工作非常重视，1997年就选派专家驻点宁夏参加闽宁协作工作。2018年，福建农林大学校长兰思仁教授亲自带领学校的专家团队到宁夏固原市，协助固原市“四个一”工程制定产业发展规划，开展产业技术培训和技术指导。

笔者作为福建农林大学闽宁协作专家团队的成员，长期参与闽宁对口帮扶工作，但过去对六盘山大型野生真菌没有给予多少注意，2022年4月，泾源县委主要负责同志在会见笔者时提出希望笔者能够帮助开发六盘山野生菇。接受任务后，笔者开始抱着试试看的态度，先到野外去寻找野生菇，当深入到几个适合野生菇生长的林地后，发现野生菇真不少，种类和数量都大大出乎意料，真应了“没有调查，就没有发言权”这句话。随着对六盘山大型野生真菌调查的不断深入，采集到的标本越来越多，笔者萌发了出版野生真菌图鉴的想法。兰思仁校长也一直关注六盘山大型野生真菌种质资源情况，非常支持笔者开展六盘山大型野生真菌的调查。

六盘山大型野生真菌调查工作得到了宁夏固原市委、市政府，泾源县委、县政府大力支持，泾源县委、县政府对本项目给予应有关心帮助，六盘山林业局为标本采集提供了支持，在此表示衷心的感谢。

根据有关资料报道，地球上的蕈菌有15万—16万种，已知的蕈菌种类约为16000

种，其中有2000多种可以安全食（药）用。《六盘山大型野生真菌图鉴》经过近3年时间，采集到标本500多份，鉴定出大型野生真菌250种。本图鉴大型真菌分类目录，参考了李玉等编著的《中国大型菌物资源图鉴》、黄年来主编的《中国大型真菌原色图鉴》、图力古尔主编的《蕈菌分类学》，按门、亚门、纲、亚纲、目、科、属和种的拉丁学名顺序排列，并编上总序号。正文书眉列出每页每个种对应的科名，以方便查阅；图鉴后面的菌菇名称拉汉对照表，中文名称前面的阿拉伯数字是该菌菇的序号，后面的阿拉伯数字是该菌菇在图鉴中的页码。本图鉴记录了六盘山大型野生真菌250种，隶属2门5纲14目43科93属。根据生态和经济价值划分，食用菌48种，药用菌31种，有毒菌33种，外生菌根菌38种，价值不明确113种。

大型真菌多在夏秋季节雨后生长，大多数子实体小而不易被发现，寿命和存在时间短，何况不同菌菇的生长环境和季节都会有所不同，要找全六盘山的大型野生真菌，绝非易事，六盘山大型野生真菌的种类和数量远不止这些。

由于拍照时真菌子实体生长期、气温、湿度和光照，以及生长区域的不同，加之，为了能够看得清楚，在编辑时放大了图片，图鉴中子实体的大小和色彩可能会与真实的菌菇稍有差异。要拍到一个子实体幼时—中年—成熟的生长过程照片，往往要费很多周折。详细特征应对照正文说明。

许多野生食用菌味道鲜美，但老百姓辨别不了可食用菌菇和毒菇，全世界每年都有许多因误食毒菇而中毒的事件，中国每年发生此类中毒的事件也屡见不鲜。陈作红等著的《毒蘑菇识别与中毒防治》记载了我国主要毒蘑菇种类200种，介绍了中国毒菇中毒症状可分为急性肝损害型、急性肾衰竭型、横纹肌溶解型、胃肠炎型、神经精神型、溶血型、光敏皮炎型、其他类型等八大类。所以采食野生蘑菇要谨慎，不能简单根据民间的鉴别方法来判断可食用蘑菇和毒菇。

特别强调：有些毒菇和食用菌的外形非常相似，很容易混淆，而且同一种菇在不同生长地域、不同气候条件和不同生长阶段，外形和颜色有时会有所差异，只有专业人员通过专业手段才能正确区分。不能“按图索骥”，看到某个野生菇与书中某个食用菌相似就以为可以食用，读者采集到的野生菇，对不能把握其毒性的，千万不要食用，只食用熟知的野生食用菌！！！本书旨在传播大型真菌知识，为真菌爱好者提供参考资料，为当地开发利用野生食用菌资源提供参考。本书对读者误食毒菇中毒及其一切后果不承

担任何责任。

笔者虽然长期从事食（药）用菌栽培、科研、教学和示范推广工作，曾师从黄年来老师，但对大型野生真菌的详细鉴定和分类工作，是个新的挑战，好在现代基因组DNA提取、ITS的PCR扩增和测序、BLAST比对鉴定技术、电子显微镜技术帮助笔者解决了很多难题，好在菌物界的泰斗李玉、张树庭、卯晓岚、黄年来、杨祝良、李泰辉、图力古尔、陈作红等老师，为我们提供了丰富的野生菇分类参考文献，许多专家出版的大型真菌图鉴也为笔者提供了丰富的参考资料，在此对这些专家致以诚挚的谢意。

由于时间短，笔者知识和水平有限，书中一定存在不足和错误，敬请专家和读者批评指正。

笔　者

2024年10月

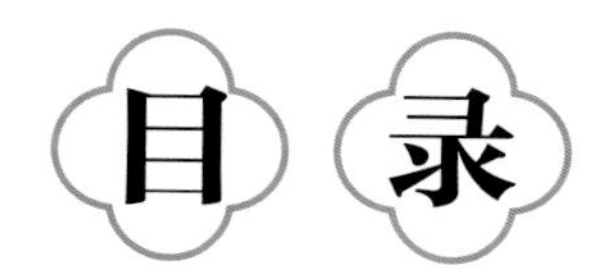

目录

总 论

Overview

一、六盘山自然概况

六盘山，古称关山或陇山，是黄土高原上一座重要的山脉。它地跨陕西、甘肃、宁夏三省区，南起陕西省宝鸡市，北至宁夏海原县境内，南北延伸 200 余公里。六盘山在地质构造上属于祁连山造山带东段，与西秦岭造山带相邻。六盘山是陕北黄土高原和陇西黄土高原的界山，是黄土高原上的一颗绿色明珠、重要生态区，同时也是渭河与泾河的分水岭，泾河、葫芦河、清水河的发源地，对宁夏南部山区的湿润调节作用十分重要。

六盘山的土壤类型随海拔和坡向变化，包括亚高山草甸土、灰褐土等。

六盘山的形成可以追溯到约2000万年前，由喜马拉雅运动的强烈冲击波导致地层褶皱断裂而形成，因此山脉特征为陡峻、沟谷深邃，岩层斜布不平，岩缝狭长扭曲，怪石嵯峨相叠，裂缝孔洞密布。

六盘山不仅在地理上具有重要地位，其历史价值同样显著。历史上，六盘山是中原王朝抵御匈奴的重要隘口，唐代在此建有六盘关，成为军事要塞。成吉思汗和忽必烈等历史人物也曾在此活动，留下遗迹。此外，六盘山还是红军长征途中翻越的最后一座大山，毛泽东在此写下了著名的《清平乐·六盘山》。

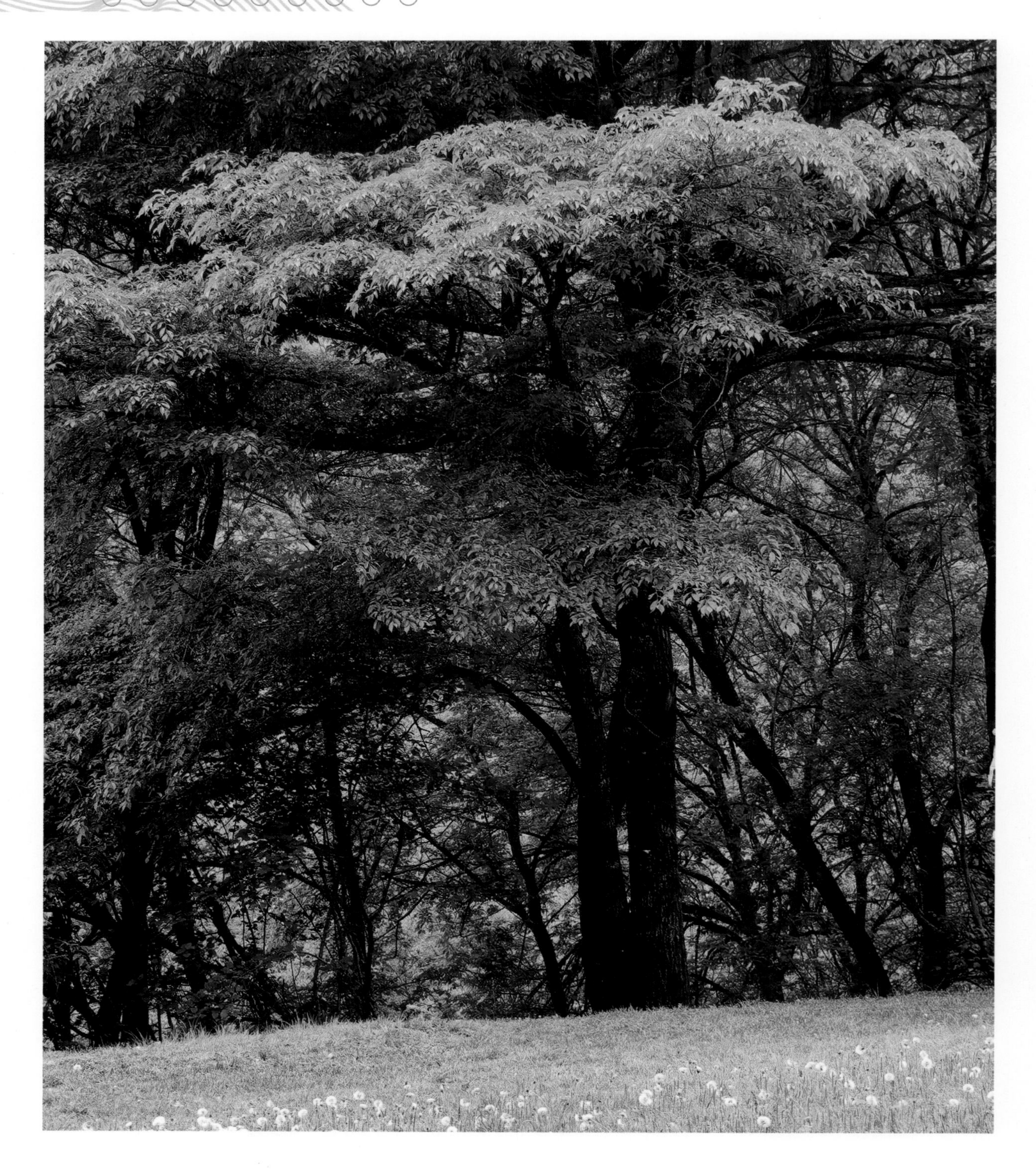

六盘山四季分明，气候温和，有“春去秋来无盛夏”之说。六盘山森林茂密，被誉为“温带植物资源的基因库”。六盘山景区内生物资源丰富，有高等植物 123 科 382 属 1000 种、脊椎动物 25 目 62 科 213 种、昆虫资源 17 目 123 科 905 种。此外，六盘山还是众多野生动物的栖息地，包括金钱豹、林麝、红腹锦鸡等珍稀动物。

1988年，国家批准成立宁夏六盘山国家级自然保护区，总面积6.78万公顷。保护区横跨泾源、隆德两县，是宁夏南部重要的生态保护区。六盘山主峰米缸山海拔2942m。六盘山国家森林公园的气候属于中温带半湿润向半干旱过渡带，具有大陆性和海洋季风边缘气候特点。六盘山国家森林公园森林覆盖率达80%以上，拥有丰富的植物、野生动物和菌物资源。保护区内年平均温度为5.8℃，年降雨量多在600—800mm，气候湿润，是宁夏水资源非常丰富的地区。

六盘山以其独特的地理位置、丰富的历史文化、多样的生物种类以及重要的生态功能，在自然和人文方面都有着不可替代的价值。

二、六盘山大型野生真菌种类和分布

（一）六盘山大型野生真菌种类组成

这次对六盘山核心区域野生大型真菌进行初步调查发现，六盘山大型真菌物种资源非常丰富，通过对采集的500多份标本，进行基因测序比对、电子显微镜孢子拍照观察和国内外相关资料的比对研究，共鉴定出250种大型野生真菌，隶属2门5纲14目43科93属，其中食用菌48种，药用菌31种，有毒菌33种，外生菌根菌38种，价值不明确113种。其中重要的野生食用菌有云杉乳菇、非白红菇、羊肚菌、银盖口蘑、黄绿卷毛菇、紫丁香蘑、粉紫香蘑、灰乳牛肝菌、厚环乳牛肝菌、野蘑菇、红蜡伞、黑木耳、毛木耳、鸡腿菇、双孢蘑菇等，药用菌有树舌灵芝、梨形马勃、网纹马勃、桑黄等，毒菌有剧毒鹅膏、岐盖伞属、丝盖伞、丝膜伞、毒红菇、毛头乳菇、大青褶伞等。还发现一些有待进一步鉴定确认的新的野生真菌物种。

六盘山国家级自然保护区

（二）六盘山大型野生真菌主要生长分布区域

六盘山野生菌生长区域主要分布在香水镇、新民乡、黄花乡、泾河源镇、六盘山镇、六盘山国家森林公园、崆峒山景区、野荷谷景区、泾隆公路边林地。六盘山大部分野生菌发生在7—9月雨后，羊肚菌发生在4—5月，生长在阴蔽度适中的树林、灌木和草丛中。乳菇、银盖口蘑和棕灰口蘑主要生长在针叶林或针阔混交林中地上，牛肝菌主要生长在针叶林中地上，非白红菇只生长在桦树林中地上。

三、六盘山大型野生食用菌的开发利用和保护

（一）野生食用菌的采集加工

六盘山有丰富的野生食用菌资源，但是当地老百姓除了采集乳菇、银盖口蘑、毛头鬼伞和部分裸脚菇外，对大部分野生食用菌不了解，还有许多野生食用菌没有得到很好利用，白白地烂在树林中。这些野生食用菌在外地市场销路好、价格高，可以收集起来外销，也可以干制后包装，作为特产和当地的旅游商品销售。

（二）野生食用菌的驯化栽培

六盘山有紫丁香蘑、粉紫香蘑、黄绿卷毛菇、羊肚菌、榛蘑等美味野生食用菌，可以进行驯化栽培，使之成为六盘山原产地的食用菌新品种，并进一步开发成当地特色产业。

（三）野生食用菌的保护

六盘山野生食用菌资源如果不进行有效保护，野生食用菌的品种和自然产量就会减少，所以要对野生食用菌资源进行保护。首先是保护野生食用菌生长繁殖的生态环境，包括植被、乔木、灌木、草地和土壤，在野生菇生长区域调节植物种类和密度，形成有利于野生菇生长繁殖的生态环境。其次是要“采”“养”结合，严禁“连根刨”“一锅端”的掠夺式采摘行为。

四、六盘山大型野生真菌掠影

多脂鳞伞　木蹄层孔菌　黏盖包脚菇

火木层孔菌　拱顶伞　巨大蘑菇

柠檬鳞伞　湿伞　白环蘑

云杉乳菇　栎裸脚菇　科粪鬼伞

奶油炫孔菌　草地蘑菇　厚环乳牛肝菌

松乳菇　褐疣柄牛肝菌　碱紫漏斗伞

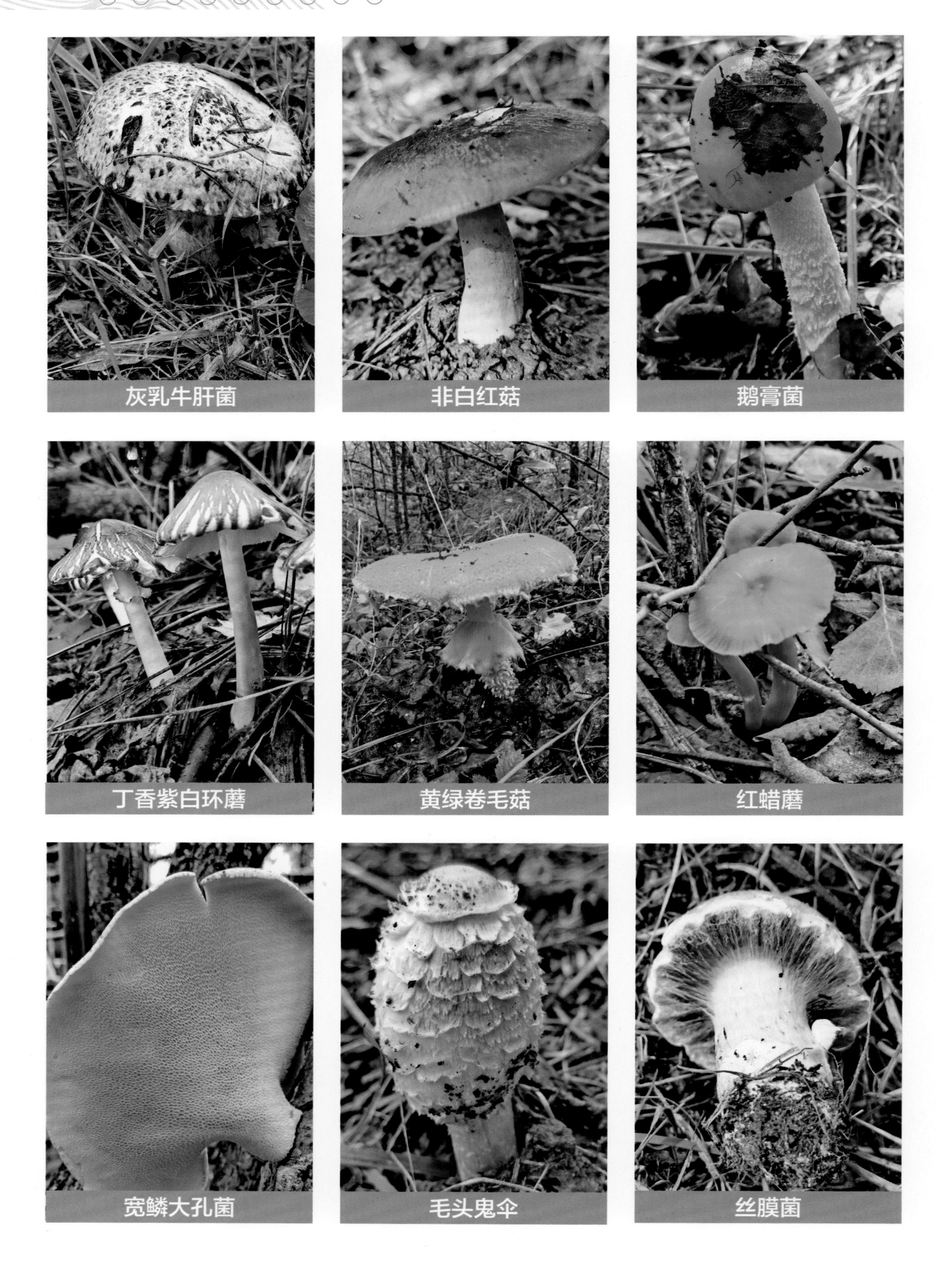

灰乳牛肝菌　非白红菇　鹅膏菌

丁香紫白环蘑　黄绿卷毛菇　红蜡蘑

宽鳞大孔菌　毛头鬼伞　丝膜菌

紫丁香蘑 锥鳞环柄菇 细褐鳞蘑菇

毛头乳菇 棕灰口蘑 黄斑蘑菇

毛脚库恩菇 网纹马勃 银盖口蘑

五、菇菌基础知识

（一）菇菌蕈概念

人们所说的“菇、菌、蕈”，似乎都是肉眼可以看见的，如香菇、木耳、灵芝和蘑菇等，“菇”，多指担子菌（尤其是伞菌），少数指子囊菌。“蕈”，也多指担子菌，偶尔也指子囊菌。同一种大型真菌，各地叫法可能不同，这是地理和历史原因所致，叫法基本上都是约定俗成的。

据科学界估计，地球上的真菌有220万—380万种之多，在2012年被定名的真菌种约有10万种，真菌的新种还在不断地被发现。目前估计蕈菌在地球上有15万—16万种，但已知的蕈菌种类约为16000种，其中可安全食用的约有2000种，其内有700多种具有药用价值。就菌、菇、蕈研究的范围和对象而言，专指具有肥大多肉繁殖器官的大型高等真菌，其中大部分为担子菌，少数为子囊菌。

（二）菇菌蕈的形态结构

菇菌蕈尽管外形千差万别，但都是由菌丝体和子实体两部分组成，菌丝体是大型真菌的营养器官，隐藏在不同基质中，不显眼。子实体是大型真菌的繁殖器官，在特定的生殖阶段才会显现，寿命长短不一。子囊菌的子实体叫子囊果，担子菌的子实体叫担子果。菇菌蕈的有性繁殖是通过孢子来完成的，孢子在子实体的子实层上产生，担子菌的孢子叫担孢子，子囊菌的孢子叫子囊孢子，孢子成熟后从子实体中弹射出来。

子实体的形态多种多样，典型种类的子实体是由菌盖、菌柄、菌褶（菌管）和附属物组成。子实体的形态结构特征是辨别菌菇的重要依据。

1. 菌丝体形态特征

2. 子实体形态结构

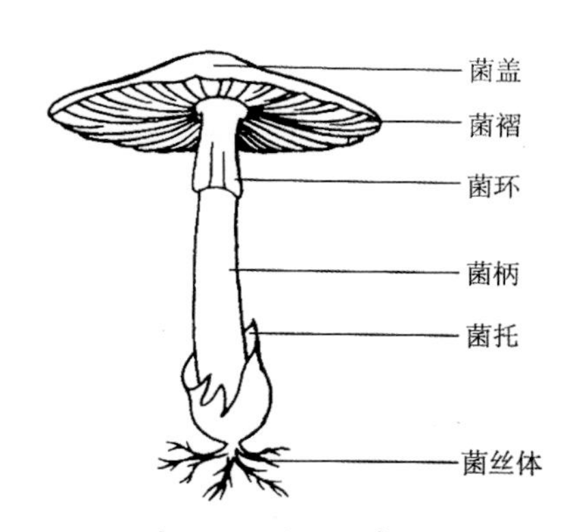

子实体结构示意图

此示意图来源于黄年来主编《中国大型真菌原色图鉴》

3. 子实体菌盖、菌柄、菌环、菌褶、菌管和菌托

4. 子实体菌褶和菌柄的着生关系

直生

离生

弯生

延生

5. 孢子及形态特征（下面图片来源于陈作红等著《毒蘑菇识别与中毒防治》）

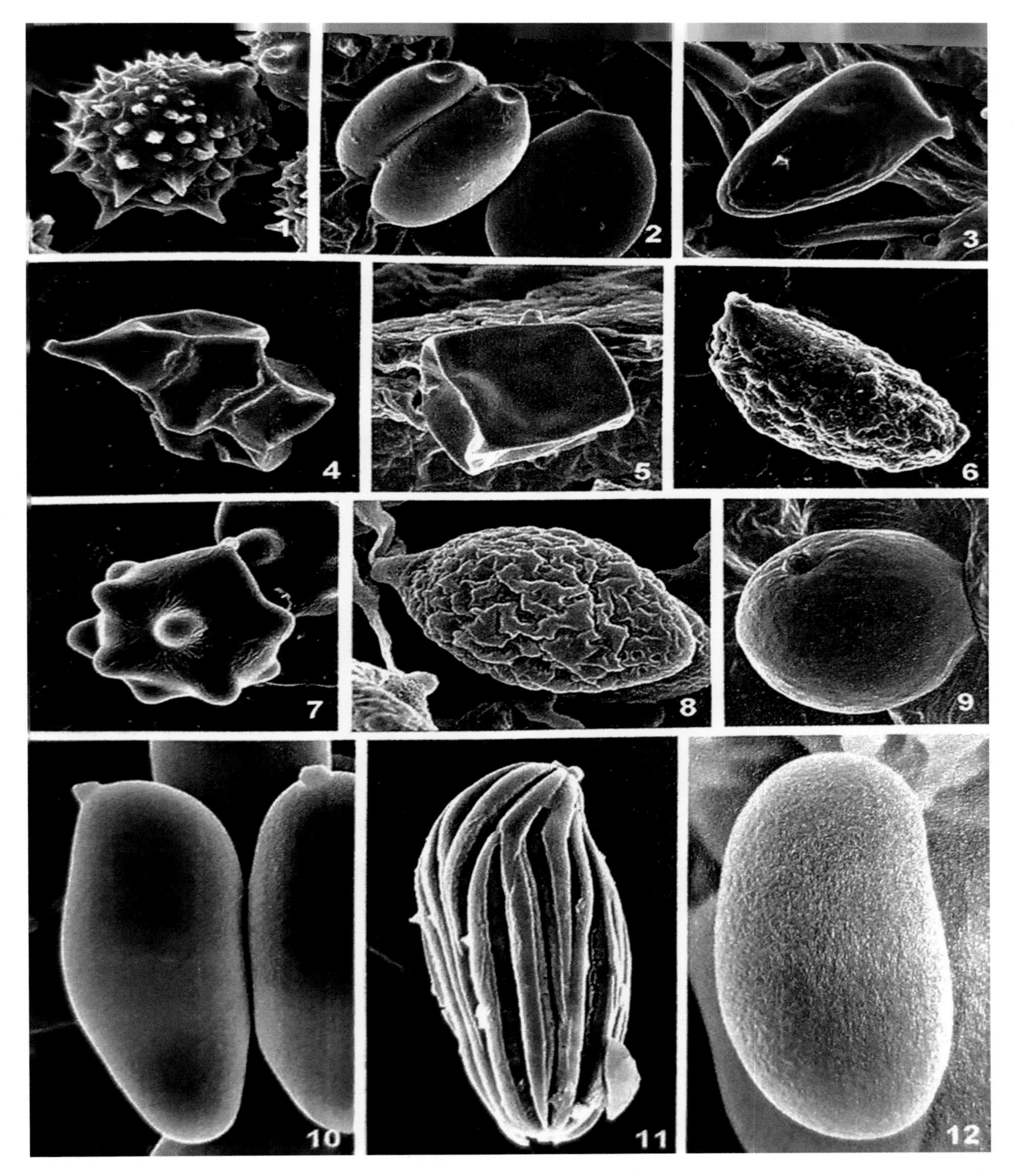

1. 孢子表面有刺；2. 孢子顶端有芽孔；3. 孢子近三角状；4. 孢子近多角状；5. 孢子立方体状；6. 孢子表面有疣突；7. 孢子表面有圆钝凸起；8. 孢子表面被有头盔状的薄膜；9. 孢子表面近光滑；10. 孢子表面光滑；11. 孢子表面有纵沟和纵脊；12. 孢子表面有杆菌状纹饰。

6. 子实体菌盖形态

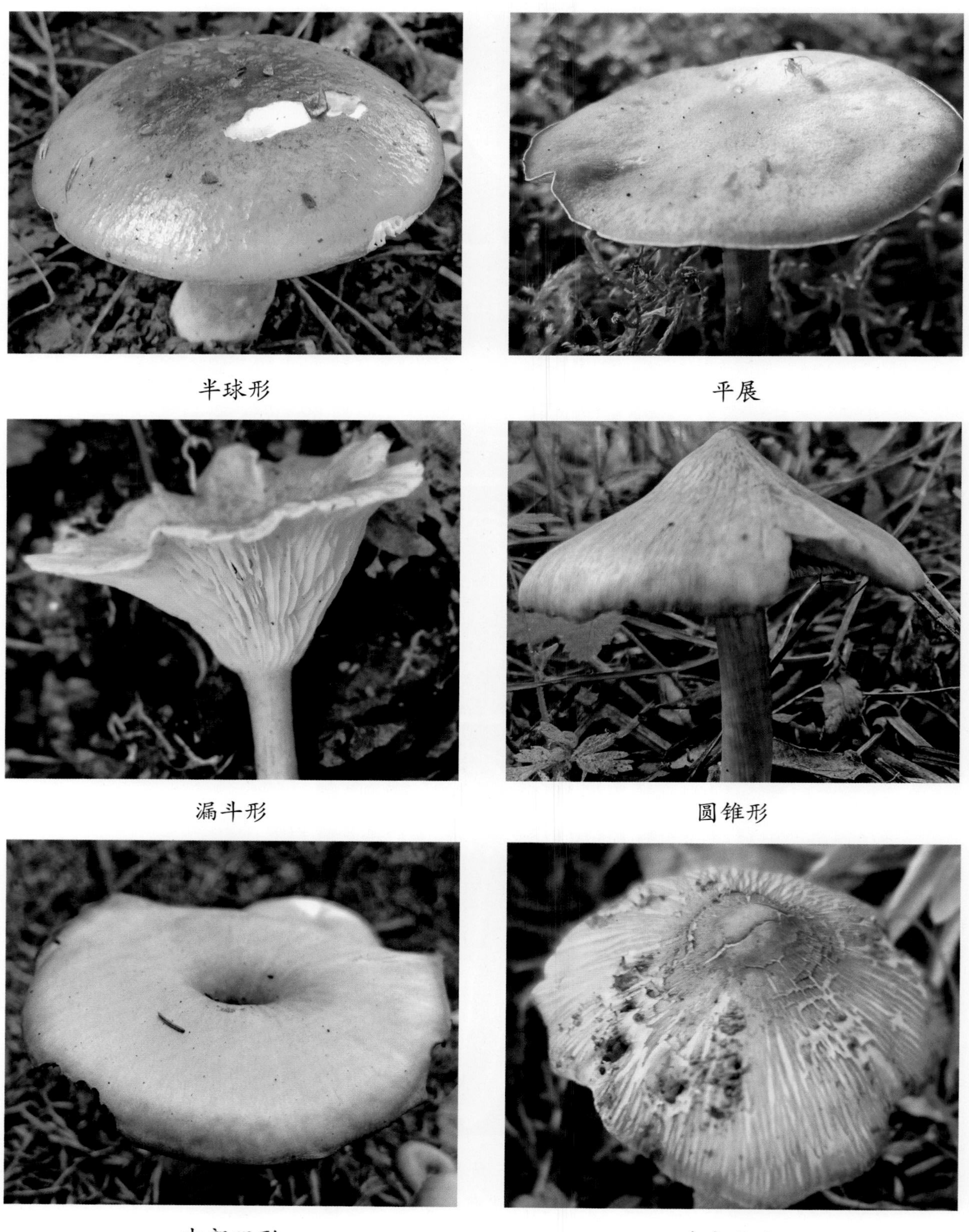

半球形

平展

漏斗形

圆锥形

中部凹形

中部乳突

7. 子实体菌盖表面特征

黏滑

边缘具沟纹

锥状鳞片

纤毛

绒毛状鳞片

平覆状鳞片

8. 子实体菌柄表面特征

网纹

腺点

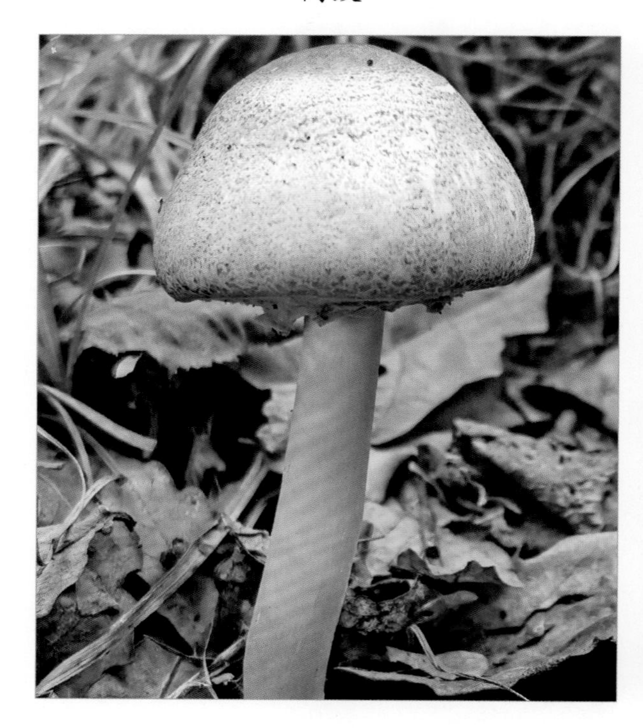

光滑

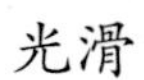

绒毛状鳞片

各论

Omnia teoria

第一篇

子囊菌门

Ascmycota

01 炭角菌
Xylaria hypoxylon (L.) Grev.

【采集地点】宁夏六盘山国家森林公园阔叶林中地上腐木。

【形态特征】子座圆柱形、鹿角形或扁平鹿角形，不分枝到分枝较多，高 3—7.5cm，初污白色至乳白色，后期黑色，基部黑色，并有细绒毛，顶部尖或扁平、鸡冠形。

【生境】群生于林中腐木和枯枝上。

【用途】木材分解菌。

02 拟展马鞍菌
Helvella pseudoreflexa.

【采集地点】泾源县城公园针叶林中地上。

【形态特征】子实体幼时马鞍状，成熟后呈不规则瓣片状，子实层表面污白色至淡黄色；不育面污白色，具粉末状鳞片。菌柄长 5—8cm，粗 1—3cm，白色至污白色，具纵向深槽和纵棱。孢子宽椭圆形，光滑，无色。

【生境】夏秋季节生于针叶树或针阔混交林中地上。

【用途】食毒不明。

03 皱盖钟菌
Verpa bohemica.

【采集地点】泾源县新民乡大雪山，由禹光荣发现采集拍照。

【形态特征】子囊盘钟形或圆锥形，直径 2—4cm，具有由皱形成的纵向棱脊，脊常接合形成脉状网络，黄褐色至灰褐色。子囊盘被颜色稍浅，只有顶部与菌柄相连，其余部分与菌柄分离。菌柄长 5—11cm，粗 1.7cm，乳白色，向上渐细，初期菌柄内部有絮状菌丝，后期中空。菌肉白色。子囊内含 2—3 个子囊孢子，子囊孢子长椭圆形，光滑，有时弯曲。

【生境】春季生于林地中。单生或散生。

【用途】有毒。

04 粗柄羊肚菌
Morchella crassipes (Vent.) Pers.

【采集地点】泾源县泾河源镇冶家村。照片由赛永强提供。

【形态特征】菌盖近圆锥形，长 4—9cm，粗 3—6cm，表面的小坑大而浅，近圆形，淡黄色，棱脊薄，不规则相互交织，凹坑内为子实层。菌柄近白色至淡黄色，长 8—10cm，基部膨大，表面有纵行扭曲的突起，中空。

【生境】春夏之交生于阔叶林和混交林中地上。

【用途】食用。

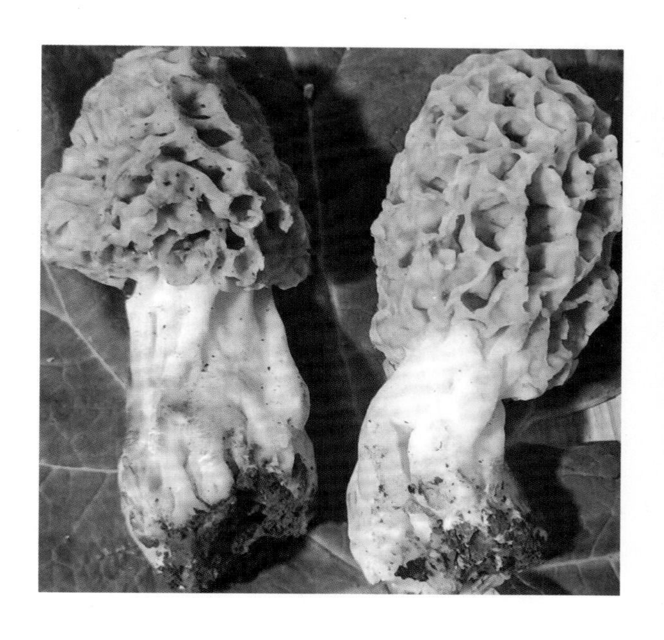

05 羊肚菌
Morchella esculenta (L.) Pers.

【采集地点】泾源县香水镇沙南村河边杨树林中地上。照片由于丰田提供。

【形态特征】菌盖近球形至卵形，顶端钝，长 4—7cm，宽 4—6cm，表面凹坑不定型至圆形，蛋壳色至褐色，棱纹不规则地交叉。菌柄近白色，长 4.5—6cm，粗为菌盖的 2/3，上部平，有不规则的凹槽，基部膨大。

【生境】春季雪融化后生于阔叶林中地上。

【用途】著名食用菌。

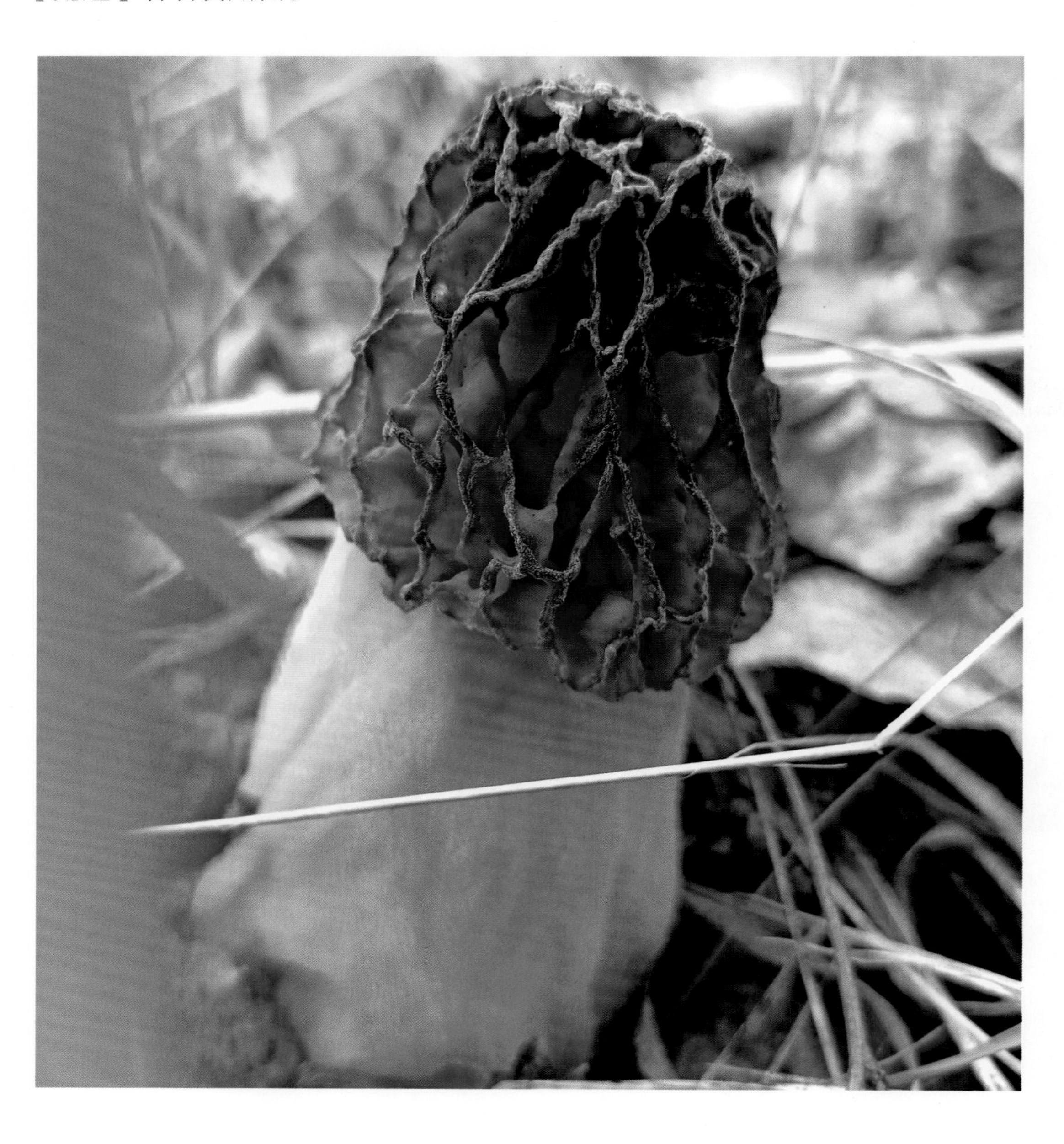

06 假盘菌属种
Paragalactinia sp.

【采集地点】泾源县黄花乡胜利村混交林中地上。

【形态特征】子实体杯状至小碗状，宽 3—7cm，子实层浅黄褐色，背部浅灰黄色，具细小颗粒状鳞片。

【生境】夏秋季节生于林中地上。单生，群生。

【用途】食毒不明。

07 米氏盘菌
Peziza michelii.

【采集地点】泾源县黄花乡羊槽村阔叶林中地上。

【形态特征】子囊盘无柄，个体较小，直径 1.5—2cm。初呈浅杯状，后呈盘状，背、腹面都呈茶褐色，盘腹面光滑，背面鳞片状粗糙。

【生境】夏秋单生于稀疏潮湿的林地上。

【用途】食毒不明。

08 泡质盘菌
Peziza vesicalosa Bull.:Fr.

【采集地点】泾源县香水镇泾隆公路边阔叶林中地上。

【形态特征】子实体较小，无菌柄，茶碗形，直径 2—4cm，子实层在内侧面，白色，后逐渐变淡褐色，外部为白色，有白色粉状物。菌肉白色，脆质。

【生境】夏秋季节生于林中空旷处的肥土上或粪土上。

【用途】食毒不明，利用价值低。

09 多变盘菌
Peziza varia.

【采集地点】泾源县黄花乡胜利村混交林中地上。

【形态特征】子实体较小，无柄，小碗状至浅盘状，宽 2—3cm，子实层黄褐色，背面与子实层同色，水渍状，表面光滑。子囊盘边缘呈细锯齿状。

【生境】夏秋季节生于树林中地上。单生，群生。

【用途】食毒不明。

10 黄地勺菌

Spathularia flavida pers.:Fr.

【采集地点】泾源县香水镇上桥村。

【形态特征】子囊果肉质，高3—6cm，群生，子实层部分黄色，扁倒卵形或近似勺状，延生至柄的两侧，宽1—2cm，往往呈波状并有辐射皱纹。柄近圆柱形，长2—3cm，粗0.3—0.5cm，基部稍膨大。子囊棒形，孢子成束无色，棒形至线形，多行排列。

【生境】夏秋季节生于落叶松、油松和云杉等针叶林的地上及苔藓间。

【用途】科研材料，与冷杉形成菌根关系。

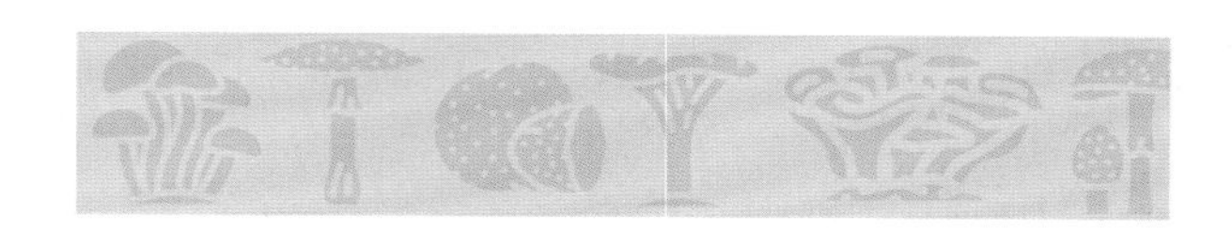

第二篇

担子菌门

Basidiomycota

11 野蘑菇
Agaricus arvensis.

【采集地点】崆峒山栎树林中地上。

【形态特征】子实体散生或群生。菌盖直径5—20cm，幼时半球形，后扁半球形至平展，新鲜时近白色，后渐变为淡黄色至赭黄色，表面光滑。菌肉白色，厚。菌褶离生，不等长，较密，幼时粉红色，后变褐色至黑褐色。菌柄圆柱形，与菌盖同色，长4—11cm，粗1.3—3cm，幼时实，后中空，有时基部略膨大。伤不变色。菌环双层，膜质，上位，易脱落。孢子光滑，椭圆形，孢子印深褐色。

【生境】夏秋季节生于林下、草地。

【用途】食用，味道鲜美，可人工栽培。药用，追风散寒，舒筋活络。

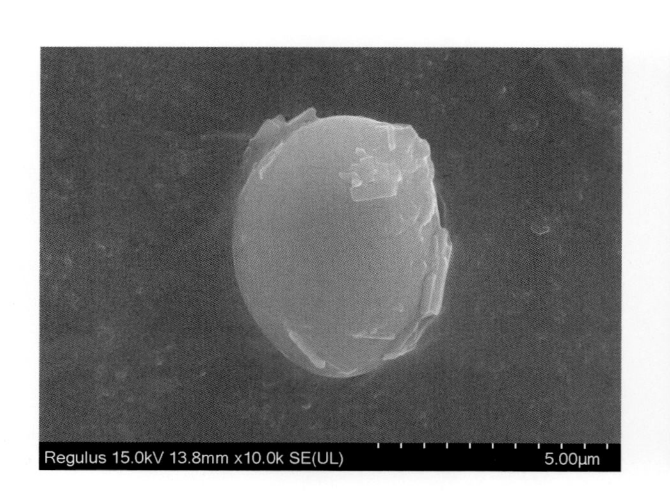

12 双孢蘑菇

Agaricus bisporus (Lange) Sing.

【采集地点】黄花乡羊槽村和县城卧龙山公园内草地上。

【形态特征】子实体群生，菌盖直径5—13cm，幼时边缘内卷半球形，后期近平展，表面白色，湿时近光滑，空气湿度低时开裂，干后变淡黄色。菌肉厚，白色，受伤后变浅红色至黄褐色。菌褶离生，不等长，密集，幼时粉红色，老时变黑褐色。菌柄圆柱形，长4—9cm，粗1.5—3cm，白色，光滑，有时有丝质光泽，内部实至松软。菌环单层，膜质，中位，易脱落。孢子椭圆形，光滑，褐色，孢子印深褐色或咖啡色。一般每个担子上面生两个担孢子，由此而得名。

【生境】春秋季节生于草地、牧场中。

【用途】著名食用菌。全世界人工栽培面积大。

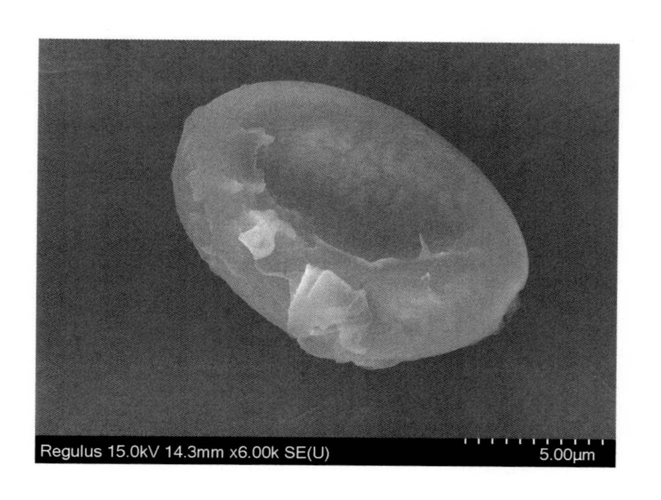

13 林地蘑菇（近似种）

Agaricus cf.silvaticus Schaeff.

【采集地点】泾源县泾隆公路边混交林中草地上。

【形态特征】子实体较小，幼时扁半球形，后平展。菌盖直径2.5—6cm，白色或淡黄色，中部呈浅黄褐色，具平伏的细纤毛，菌肉白色。菌褶离生，不等长，密，初白色，后逐渐变为粉红色、褐色和黑褐色。菌柄圆柱形，基部膨大，长6—12cm，粗0.3—0.8cm，污白色，松软到中空，受伤后变黄色，基部较明显。菌环白色，膜质，单层，上位，大，上平滑，下棉绒状，易脱落。

【生境】夏秋季节生于针阔混交林中草地上。单生，群生。

【用途】可食用。

14 浅灰白蘑菇
Agaricus devoniensis.

【采集地点】泾源县黄花乡羊槽村针叶林中地上。

【形态特征】子实体菌盖幼时半球形，后平展，直径3—8cm，白色，表面光滑。菌肉白色，受伤后变红褐色，厚。菌褶离生，不等长，密，粉红色至红褐色。菌柄圆柱形，长3—7cm，粗0.5—1.5cm，菌环以上浅粉红色，菌环以下近白色，内部松软后中空，后变黄褐色。菌环中偏上位，白色，膜质，易脱落。孢子印深褐色。

【生境】夏秋季节生于针叶林或混交林中地上。群生。

【用途】可食用。

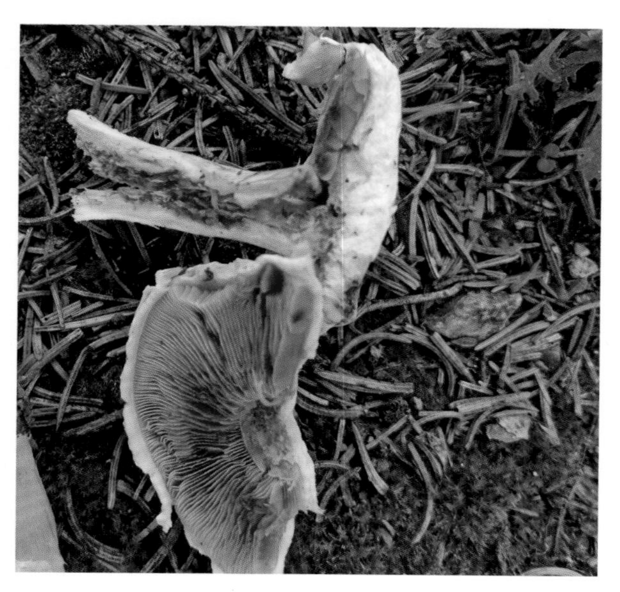

15 灰盖蘑菇
Agaricus griseopileatus

【采集地点】泾源县城公园针叶林中地上。

【形态特征】子实体中等大，菌盖直径3—9cm，幼时半球形，后平展，表面浅灰褐色，具细微绒毛鳞片。菌肉白色。菌褶离生，不等长，密，成熟时深咖啡色。菌环上位，膜质。菌柄圆柱形，长3—6cm，粗0.8—1.3cm，米黄色，表面具白色至米黄色绒毛状鳞片，肉质。孢子椭圆形，光滑，无色至白色。

【生境】夏秋季节生于针叶林中地上，单生，散生，群生。

【用途】食毒不明。

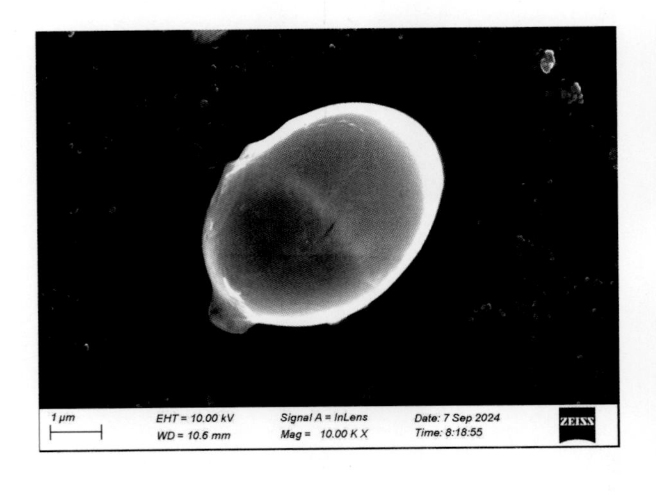

16 赭褐蘑菇

Agaricus langei (F.H.Møller & jul. Schäff.) Maire.

【采集地点】泾源县六盘山镇 G70 公路边草地上。

【形态特征】子实体幼时凸镜形或近方形，后渐平展。菌盖直径 6—13cm，表面污白色，中央带淡棕色，光滑，边缘内卷，淡黄色，菌肉白色。菌褶离生，不等长，稍密，初淡粉红色，后黑褐色。菌柄圆柱形，长 5—14cm，粗 1—2cm，光滑，白色，幼时实心，成熟后空心。基部膨大，基部球形膨大处黄色。孢子椭圆形，光滑，棕褐色。

【生境】夏秋季节生于林中地上、草地上。单生或群生。

【用途】有毒，食后会引起胃肠炎。可能是蘑菇属中毒性最强的种类。

17 巨大蘑菇

Agaricus megacarpus.

【采集地点】宁夏六盘山国家森林公园凉殿峡松树林中地上。

【形态特征】子实体大，伞形。菌盖10—23cm，表面白色，有细丝纹，菌肉白色，受伤不变色。菌褶离生，不等长，密集，粉红色。菌环膜质，中位，白色，宽厚，单层，不易脱落。菌柄圆柱形，基部膨大，菌环之上淡粉红色，菌环之下白色，内部纤维质，后下部中空。

【生境】夏秋季节生于针叶林或混交林中地上。单生。

【用途】食毒不明。

18 细褐鳞蘑菇（灰褐鳞蘑菇）
Agaricus moelleri.

【采集地点】泾源县野荷谷树林中草地上。

【形态特征】子实体单生或群生。菌盖幼时桶帽形，后扁半球形至平展，常有菌幕残留，中央平或稍凸，表面污白色，被褐色至黑褐色纤毛状小鳞片，中央近黑色，直径 6—8cm，内部菌肉白色，厚。菌褶离生，不等长，初粉红色，后粉褐色—咖啡色—黑褐色，密。菌柄圆柱形，基部稍膨大，长 6—10cm，粗 0.6—1.2cm，菌环以上淡粉红色，菌环以下近白色。菌环上位至中位，膜质，污白色，大型，厚，双层，不易脱落。各部位受伤后变黄色。孢子椭圆形，表面被头盔状薄膜，褐色。

【生境】夏秋季节生于针叶林或阔叶林中地上。

【用途】有毒。食后会引起胃肠炎。

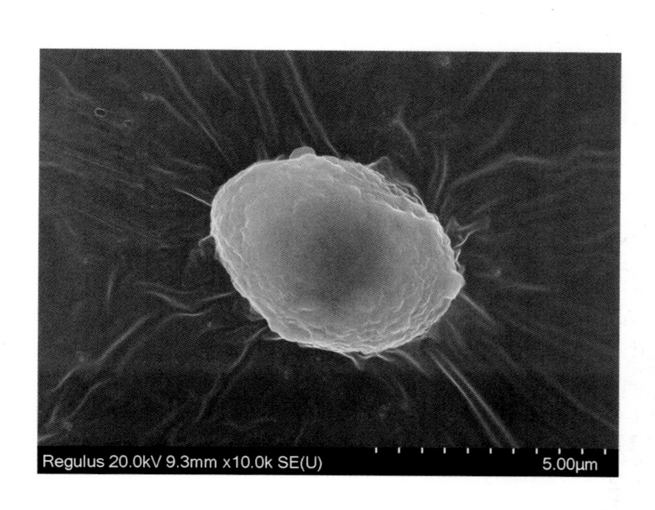

19 双环林地蘑菇
Agaricus placmyces Peck.

【采集地点】泾源县新民乡去大雪山小路边松树林中草地上。

【形态特征】子实体幼时半球形，后平展，菌盖直径 7—15cm，表面被纤毛状组成的小鳞片，中央颜色较深，褐色至灰褐色，边缘有时纵裂或有不明显的纵沟，菌肉白色。菌褶离生，不等长，密，初期近白色，很快变粉红色，成熟后褐色至黑褐色。菌环白色，膜质，双层，位于中上位，下略呈海绵状，易脱落。菌柄圆柱形，基部略膨大，稍有弯曲，长 6—12cm，粗 0.6—1.3cm，白色，光滑，内部松软，后期变中空。孢子印深色。

【生境】夏秋季节生于针叶林或针阔混交林中地上。群生。

【用途】可食用。

20 草地（灰白）蘑菇
Agaricus pseudopratensis.

【采集地点】泾源县六盘山镇 G344 公路边松树林中草地上。

【形态特征】子实体幼时半球形，后平展。菌盖直径 5—9cm，表面白色或灰白色，近光滑。菌肉白色，稍厚。菌褶离生，不等长，密，初为白色，后变粉红色、褐色、黑褐色。菌柄圆柱形，基部稍膨大，长 7—10cm，粗 0.6—1cm，上部粉色，中下部白色，纤维质，表面近光滑。菌环单层，白色，膜质，位于菌柄上部。孢子椭圆形，光滑，褐色，孢子印深褐色。

【生境】夏秋季节生于针叶林或混交林中地上。单生或群生。

【用途】慎食。

21 赭鳞蘑菇
Agaricus subrufescens Peck.

【采集地点】泾源县城公园针阔混交林中地上。

【形态特征】子实体中等大，菌盖直径5—15cm，幼时半球形，后几乎平展，表面白色、灰白色、浅紫褐色，中间黑褐色，表面密被绒毛状反卷鳞片，边缘开裂。菌肉白色至浅褐色，薄。菌褶离生，不等长，密，白色—粉色—暗紫褐色。菌环双层，上位，近白色，膜质，大型。菌柄圆柱形，向下渐粗，长6—15cm，粗0.8—1.5cm，菌环以下与菌盖同色，具鳞片，中空。孢子椭圆形，光滑，紫褐色。

【生境】夏秋季节生于林中地上。单生，群生，丛生。

【用途】食用，药用。据报道提取物可抑制肿瘤。国外已经驯化成功。

22 拟双环林地蘑菇
Agaricus sp.

【采集地点】泾源县香水镇沙南村杨树林中草地上。

【形态特征】子实体幼时半球形，后平展，有时中央稍下凹。菌盖直径4—9cm，表面被平伏的浅褐色细纤毛状鳞片。菌肉白色，较厚。菌褶离生，不等长，密，幼时粉红色，成熟后呈黑褐色。菌柄圆柱形，基部膨大近球形，长6—9cm，粗1.5—2cm，白色。菌环膜质，白色，双层，较厚。孢子印深色。

【生境】夏秋季节生于稀疏阔叶林中草地上。群生。

【用途】食毒不明。

23 黄斑蘑菇
Agaricus xanthodermus Genev.

【采集地点】泾源县六盘山镇 G70 公路边草地上。

【形态特征】子实体幼时凸镜形或近方形，后渐平展。菌盖直径 6—13cm，表面污白色，中央带淡棕色，光滑，边缘内卷，淡黄色。菌肉白色。菌褶离生，不等长，稍密，初淡粉红色，后黑褐色。菌柄圆柱形，长 5—14cm，粗 1—2cm，光滑，白色，幼时实心，成熟后空心，基部膨大，基部球形膨大处黄色。孢子卵形，一端带小柄，光滑，棕褐色。

【生境】夏秋季节生于林中地上、草地上。单生或群生。

【用途】有毒，食后会引起胃肠炎。可能是蘑菇属中毒性最强的种类。

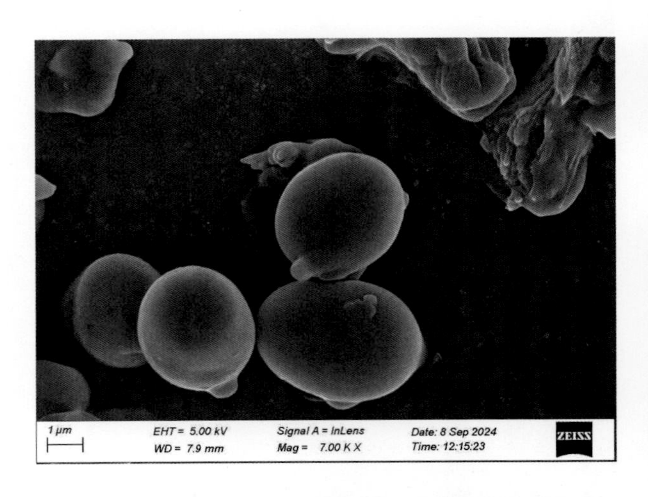

24 焉支蘑菇
Agaricus yanzhiensis.

【采集地点】泾源县城公园针叶林中地上。

【形态特征】子实体中等大，菌盖直径3—7cm，幼时扁半球形，后平展，表面米黄色，被浅棕红色鳞片，边缘常具菌幕残片。菌肉白色，厚。菌褶离生，不等长，密，幼时粉红色，后变褐色至黑褐色。菌柄圆柱形，基部球状膨大，肉质，中空，长3—5cm，粗1—2cm，表面被白色绒毛，受伤后变土黄色。菌环上位，膜质，白色。孢子椭圆形，光滑，无色至白色。

【生境】夏秋季节生于针叶林或混交林中地上。

【用途】食毒不明。

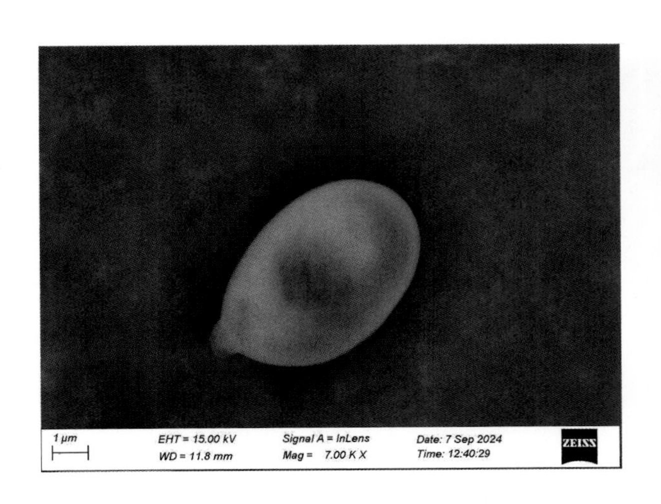

25 夏季灰球菌
Bovista aestivalis.

【采集地点】泾源县新民乡大雪山落叶松林中地上。

【形态特征】子实体近球形，基部由假根固定在地上，幼时白色，后变为浅土黄色至浅茶褐色、褐色，包被两层，外包被由易于脱落的一层细小的颗粒组成，内包被薄，膜质，平滑，具光泽，成熟时顶端开一个小孔。孢体呈蜜黄色至浅茶褐色。不孕基部缺乏。

【生境】夏秋季节生于针叶林或混交林中地上。

【用途】幼嫩时可食用。可药用，孢子可治疗咽喉肿痛等。

26 发起人灰球菌
Bovista promontorii.

【采集地点】隆德县六盘山隆泾公路边松树林中地上。

【形态特征】子实体近球形，基部由假根固定在地上，幼时白色，后变为浅土黄色至浅茶褐色、褐色，包被两层，外包被由易于脱落的一层细小的颗粒组成，内包被薄，膜质，平滑，具光泽，成熟时顶端开一个小孔。孢体幼时白色，后呈蜜黄色至浅茶褐色。不孕基部缺乏。孢子卵圆形，近光滑，具柄。

【生境】夏秋季节生于针叶林或混交林中地上。单生。

【用途】幼嫩时可食用，孢子可以治疗咽喉肿痛。

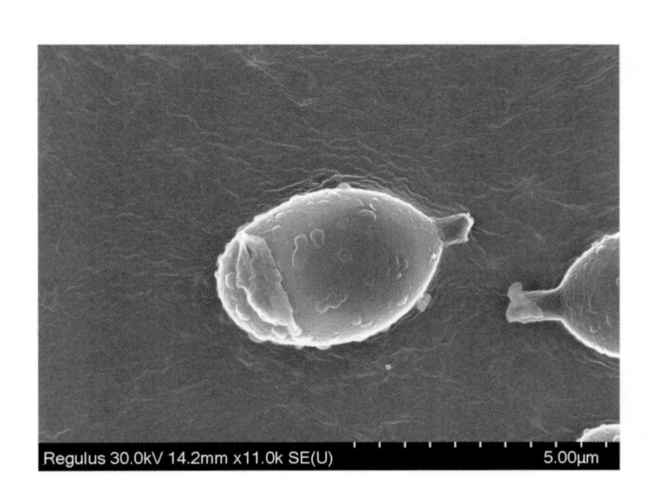

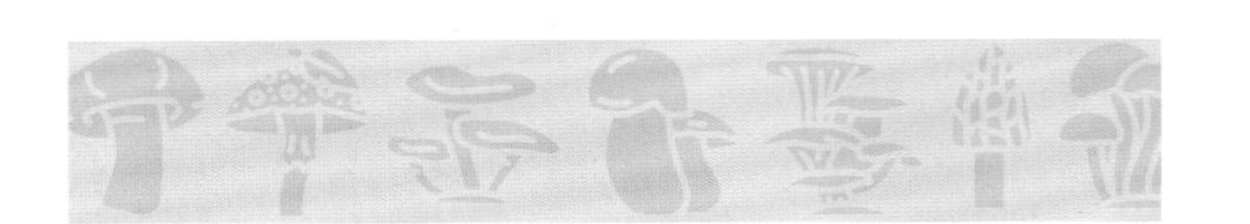

27 大青褶伞（铅青褶伞）
Chlorophyllum molybdites (G.Mey.) Massee.

【采集地点】泾源县香水镇沙南村草地上。

【形态特征】子实体菌盖直径5—25cm，幼时半球形、扁半球形，后平展，中间稍凸起，幼时表皮暗褐色或浅褐色，后逐渐裂变为鳞片，中部鳞片大而厚，呈紫褐色，边缘渐少或脱落。菌肉白色或带浅粉红色，松软。菌褶离生，宽，不等长，初期污白色，后期浅绿色、青褐色、淡青灰色，褶缘有粉粒。菌柄圆柱形，长10—28cm，粗1—2.5cm，污白色至浅灰褐色，纤维质，菌环以上光滑，菌环以下有白色纤毛，基部膨大，空心。菌柄菌肉伤后变褐色，干时有芳香气味。菌环上位，膜质，可移动。孢子宽卵形至宽椭圆形，光滑，近无色至淡青黄色，具平截芽孔。

【生境】夏秋季节雨后喜生于草地上。群生或散生。

【用途】有毒。是引起中毒事件最多的毒菇种类之一。

28 毛头鬼伞（鸡腿菇）

Coprinus cmatus (Müll.:Fr.) S.F.Gray.

【采集地点】泾源县城公园林中草地上。

【形态特征】子实体菌盖直径 3—5cm，幼时椭圆形，随着菌盖长大，表面断裂成较大型鳞片，开伞后边缘菌褶溶化成墨汁状液体。菌肉白色。菌柄圆柱形，较细长，长 7—25cm，粗 1—2cm，内部松软至空心。菌环和菌盖边缘连接，常随着菌柄的伸长而移动。孢子黑褐色，光滑，椭圆形。

【生境】春—秋季生于田野、林缘、路旁、公园等处。群生。

【用途】幼时可食，但和酒类同吃容易中毒。药用：益胃、清神、治痔疮、降血糖、抑制肿瘤。

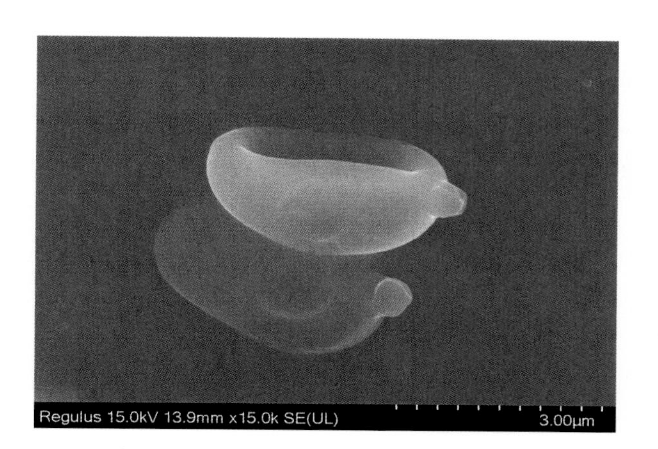

29 晶粒鬼伞
Coprinus micaceus (Bull.) Fr.

【采集地点】泾源县城公园林中树桩上。

【形态特征】子实体菌盖直径 4—5cm，幼时卵形、钟形，后展开，表面淡棕黄色至黄褐色，被云母状发亮小颗粒，后渐消失，边缘有长条纹。菌肉白色，薄。菌褶凹生，不等长，密集，幼时白色，后渐变为灰色、紫黑色、黑色，自溶缓慢。菌柄圆柱形，长 4—10cm，粗 0.3—0.7cm，白色，表面具白色绒毛、白粉霜，后变较光滑，渐变为淡黄色，质脆，基部稍粗，中空，无菌环。孢子椭圆形，光滑，灰褐色，顶端具平截芽孔。

【生境】春至秋季生于阔叶树基部腐朽处或树桩周围。群生，丛生。

【用途】文献记载幼时可食，但和酒同食会出现中毒症状，不建议采食。

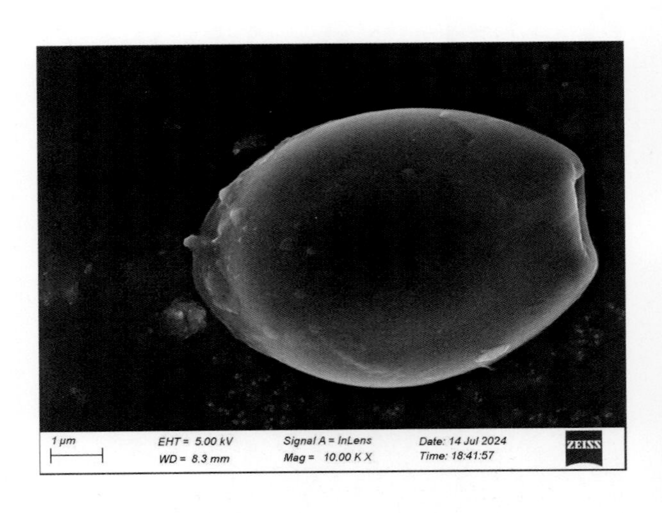

30 褶纹鬼伞
Coprinus plicatilis (Curt. :Fr.) Fr.

【采集地点】泾源县黄花乡胜利村混交林中地上。

【形态特征】子实体菌盖直径 1.5—2.5cm，幼时卵形，后变钟形至平展，膜质，浅灰绿色，具褶纹直达盖中央，部分区域具米色颗粒状鳞片。盖顶浅栗色，光滑，最后下凹。菌肉白色，很薄。菌褶直生，不等长，密，开伞后黑褐色。菌柄圆柱形，长 4—9cm，粗 0.1—0.2cm，白色，中空，基部略膨大。孢子广卵形，黑色。

【生境】夏秋季节生于林中地上。单生或丛生。

【用途】食毒不明。

31 辐毛小鬼伞
Coprinus radians (Desm.) Fr.

【采集地点】泾源县黄花乡羊槽村榆树倒木上。

【形态特征】子实体菌盖直径 2.5—3cm，幼时卵形，展开后钟形，表面黄褐色，被粒状小鳞片，具辐射状沟纹。菌肉白色，薄。菌褶直生、离生，不等长，密集，初为白色，后变为紫黑色，平展后很快自溶。菌柄圆柱形，长 2—4cm，粗 0.4—0.6cm，白色，光滑或带有白色细微粉状物，基部略膨大，基部的基物上具橙黄色菌丝团。孢子椭圆形，光滑，黑褐色。

【生境】春至秋季生于阔叶树树桩或倒腐木上。单生，丛生。

【用途】据文献报道幼时可食，但不能和酒同食。不建议采食。

32 科粪鬼伞
Coprinus sterquilinus.

【采集】泾源县六盘山镇公路旁林中草地上。

【形态特征】子实体菌盖直径 3—8cm，幼时呈卵形或钟形，表面为灰白色，顶端小帽状凸起，光滑，米黄色，向下多裂为反卷的白色鳞片。菌肉白色，较薄。菌褶离生，不等长，稍密，初为白色，后渐变为粉红色至黑色，老后与菌盖自溶为墨汁状。菌柄圆柱形，长 5—10cm，粗 0.8—1.2cm，白色，光滑，中空，基部稍膨大，具白色绒毛。菌环膜质，易脱落。

【生境】夏秋季节生于林缘和空旷草地上。单生、散生、群生。

【用途】药用。

33 锐鳞环柄菇

Echinoderma asperum.

【采集地点】泾源县城山边公园草地上。

【形态特征】子实体菌盖幼时近半球形，后渐平展，直径3—6cm，表面黄棕色至黄褐色，被黄褐色至褐色刺状或锥状鳞片。菌肉白色。菌褶离生，白色至米色。菌柄圆柱形，长3—5cm，粗1—2cm，菌环之上近光滑，菌环以下密被黄褐色锥状鳞片。菌环丝绒状，白色，下表面被黄褐色鳞片。孢子圆形至椭圆形，光滑，无色透明。

【生境】夏秋季节生于树林中草地上。

【用途】有毒，不要采食。

34 阿特罗布环柄菇
Lepiota atrobrunneodisca.

【采集地点】泾源县野荷谷树林边缘草地上。

【形态特征】子实体菌盖初为钟形，后渐平展，直径2—5cm，表面白色或污白色，被淡黄褐色细小鳞片，中央具明显、光滑、黑褐色的乳突。菌褶离生，不等长，较密，淡粉色至褐色。菌柄圆柱形，长5—12cm，弯曲，淡粉紫色，表面具纵条纹，菌柄膨大。菌环上位，厚，较大，膜质、丝绒质，黄褐色。孢子卵圆形，光滑，暗灰色。

【生境】夏秋季节生于树林中空旷的草地上。群生或丛生。

【用途】食毒不明。

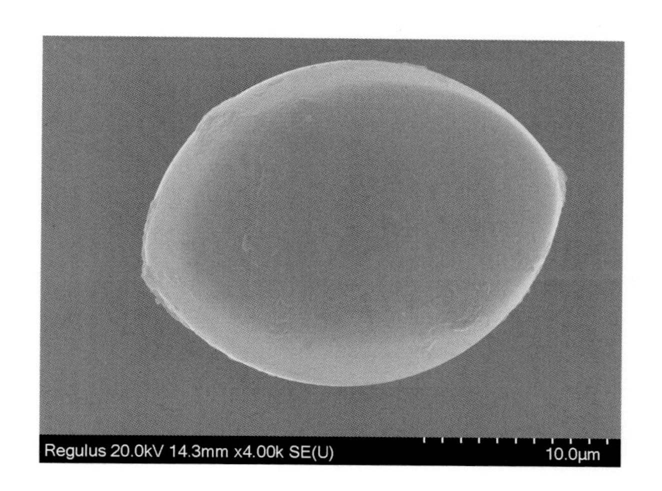

35 紫褐鳞环柄菇
Lepiota brunneolilacea Bon & Boiffard.

【采集地点】泾源县泾隆公路旁阔叶树林中落叶层上。

【形态特征】子实体菌盖扁半球形，后平展，直径 2.5—4cm，中央钝圆突起，表面密被灰褐色至暗褐色鳞片，边缘有时具菌环残片。菌肉白色，受伤后不变色。菌褶离生，不等长，中等密，白色或奶油色。菌柄圆柱形，长 4—7cm，粗 0.3—0.6cm，菌环之上浅褐色，近光滑，菌环之下被浅褐色、褐色至暗褐色鳞片，后者常呈环带状排列。菌环膜质，上表面白色，下表面具褐色鳞片，易脱落，基部稍膨大。孢子光滑。

【生境】夏秋季节生于亚高山地区阔叶林中地上。单生至群生。

【用途】剧毒。

36 冠状环柄菇
Lepiota cristata (Bolton) P.Kumm.

【采集地点】泾源县香水镇上桥村落叶松林中地上。

【形态特征】子实体菌盖幼时近圆柱形，后平展，中央具钝的光滑红褐色突起，直径1.5—7cm，表面白色至污白色，被褐色至红褐色鳞片。菌肉白色，具令人作呕的气味。菌褶离生，不等长，密，白色。菌柄圆柱形，长3—7cm，粗0.3—0.6cm，白色或红褐色，近光滑，中空，基部稍膨大。菌环上位，膜质，下部常抱于菌柄，易消失。孢子无色，光滑，形状多种，卵形、椭圆形、长方形等，常见多角。

【生境】夏秋季节生于林中、路边。群生或丛生。

【用途】有毒。

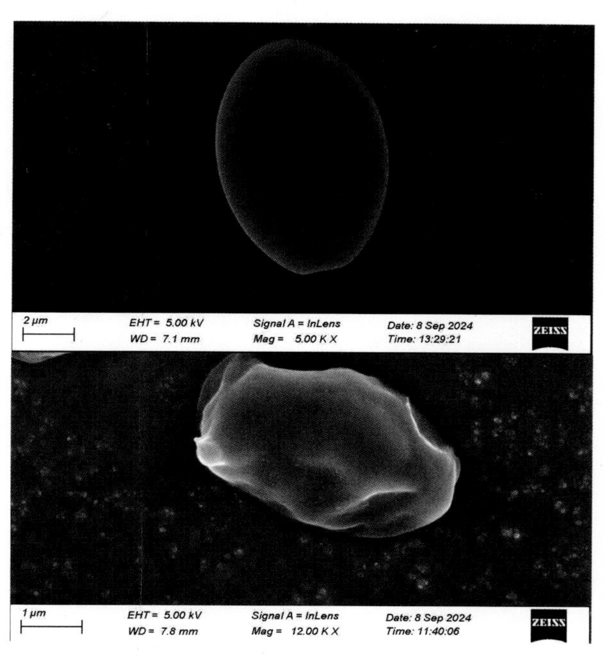

37 锥鳞环柄菇
Lepiota jacobi.

【采集地点】宁夏六盘山国家森林公园混交林中地上。

【形态特征】子实体菌盖初扁半球形，后平展，污白色，中央具较低且宽的突起，浅土褐色，具小的不连续的灰色至褐色锥状鳞片，鳞片基部为褐色丝绒状。随着菌盖生长，鳞片向边缘逐渐稍平伏，边缘波状，稍向内卷曲，具菌幕残余。菌肉白色，薄。菌褶离生，不等长，密，白色。菌柄圆柱形，长 5.5—8cm，粗 0.7—1cm，基部稍膨大，中空，菌环以上浅粉色，近光滑，菌环以下浅褐色，具褐色绒状至絮状鳞片。菌环上位，白色，膜质。孢子近椭圆形，光滑，无色透明。

【生境】夏秋季节生于落叶林中地上或路边草坪上。单生或群生。

【用途】食毒不明。

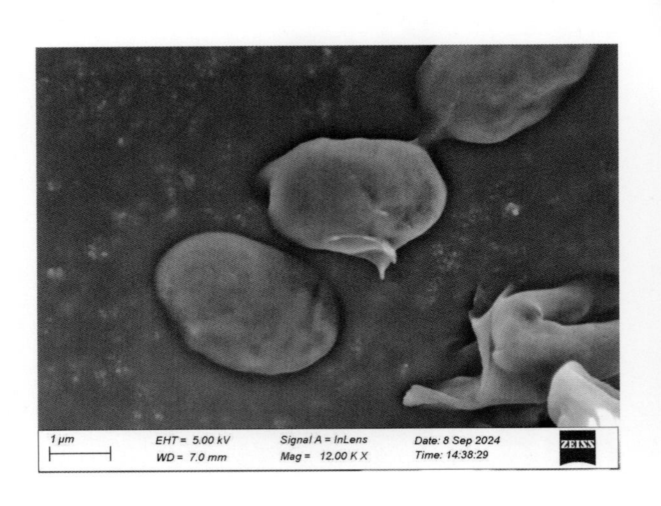

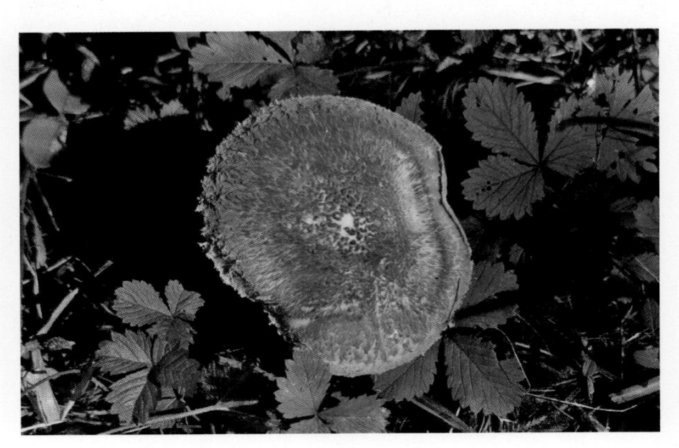

38 环柄菇属种
Lepiota sp.

【采集地点】泾源县新民乡大雪山落叶松林中地上。

【形态特征】子实体菌盖初期呈扁半球形，后平展，中央稍钝突起，直径2.5—4cm，中央突起部分黄褐色，其他表面为白色，被覆白色细鳞，呈羽毛状开裂，边缘具有菌幕残留。菌肉白色，薄。菌褶离生，不等长，粉白色至灰褐色，较稀、宽。菌环上位，膜质，白色。菌柄圆柱形，长4—6.5cm，粗0.3—0.6cm，菌环以上光滑，菌环以下具白色鳞片，基部略膨大。孢子椭圆形，光滑，无色。

【生境】秋季生于松树林中地上。散生，群生。

【用途】食毒不明。

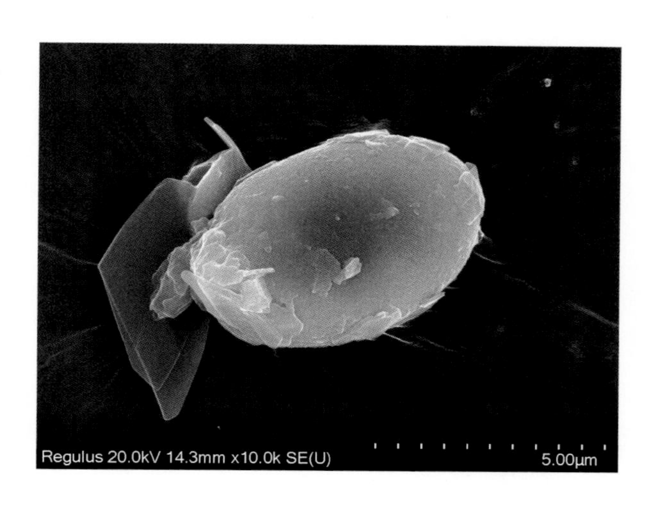

39 粉褶白环蘑
Leucoagaricus leucothites.

【采集地点】泾源县六盘山镇混交林中地上。

【形态特征】子实体中等大，直径3—10cm，幼时半球形，后平展，表面光滑，白色带粉色调，边缘带菌幕残留。菌肉白色，较厚。菌褶离生，不等长，密，乳白色至浅粉色。菌柄弯曲，长5—12cm，粗0.5—1cm，基部膨大，表面光滑，白色，中空。孢子近椭圆形，一端具细短柄，光滑，无色。

【生境】夏秋季节生于针叶林或混交林中地上。单生，散生。

【用途】食毒不明。

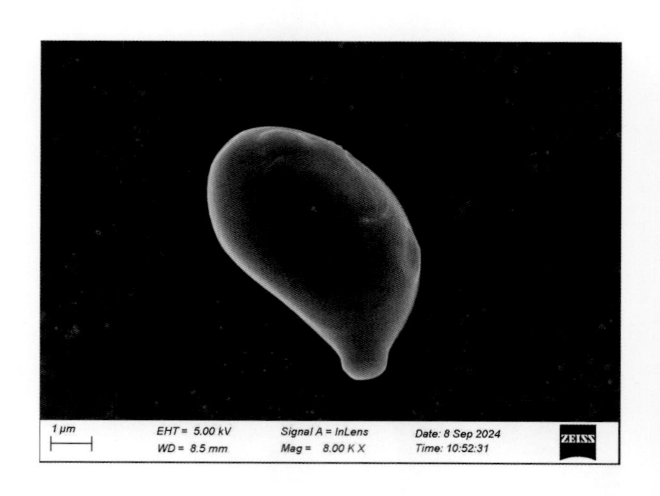

40 丁香紫白环蘑
Leucoagaricus purpureolilacinus.

【采集地点】宁夏六盘山国家森林公园混交林中地上。

【形态特征】子实体菌盖初为半球形，后平展呈斗笠形，直径 2—3cm，中央具明显的光滑黑褐色的钝乳突，表面被丁香紫色鳞片，中央向四周则随着菌盖生长裂开呈辐射状小条鳞片，边缘常延生、开裂。菌肉白色，薄。菌褶离生，不等长，较密，白色。菌环白色，边缘红褐色，膜质，上位。菌柄圆柱形，向上渐细，长 5—8cm，粗 0.3—0.5cm，白色，近光滑，基部略膨大，中空。孢子印白色。

【生境】夏秋季节生于针阔混交林中地上。群生。

【用途】食毒不明。

41 红色白环蘑

Leucoagaricus rubrotinctus (Peck) Singer.

【采集地点】泾源县泾隆公路边桦树林中地上。

【形态特征】子实体菌盖初为半球形，后平展呈斗笠形，直径 2—4cm，表面被黄褐色鳞片，中央具明显的光滑黑褐色的钝乳突，四周鳞片随菌盖生长撕裂成小鳞片，表皮边缘开裂易与菌盖分离。菌肉白色，薄。菌褶离生，不等长，较密，白色。菌环白色，膜质，边缘红褐色，中位。菌柄圆柱形，向上渐细，基部膨大，长 5—8cm，粗 0.3—0.5cm，表面白色，光滑，内部中空。孢子椭圆形，白色，光滑。

【生境】夏秋季节生于阔叶林或针阔混交林中地上。群生。

【用途】食毒不明。

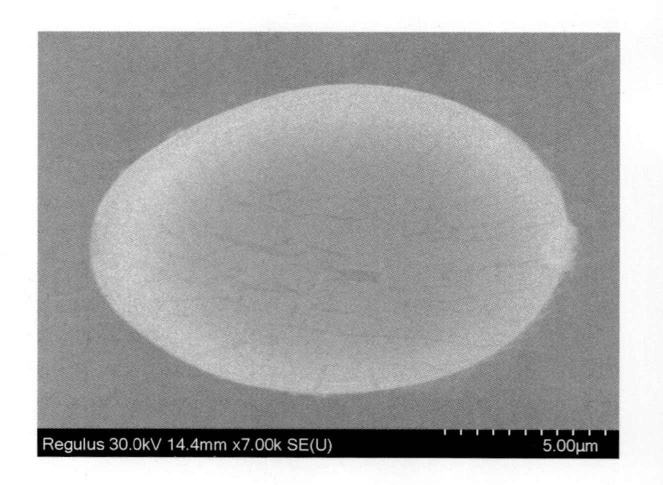

42 瓦西里耶夫白环蘑
Leucoagaricus vassiljevae.

【采集地点】泾源县城公园树林中地上。

【形态特征】子实体菌盖幼时半球形，后平展呈斗笠形，中央乳突明显，直径3—6.5cm，被黄褐色鳞片，中央颜色深，靠边缘鳞片常脱落，呈淡黄白色。菌褶离生，不等长，较密，淡绿白色。菌柄圆柱形，长8—12cm，粗0.4—0.8cm，光滑，黄褐色，内部松软至中空，基部膨大，具绒毛状菌丝。菌环上位，膜质，白色。孢子卵圆形，无色，光滑。

【生境】春秋季节生于阔叶树林中落叶层上。

【用途】食毒不明。

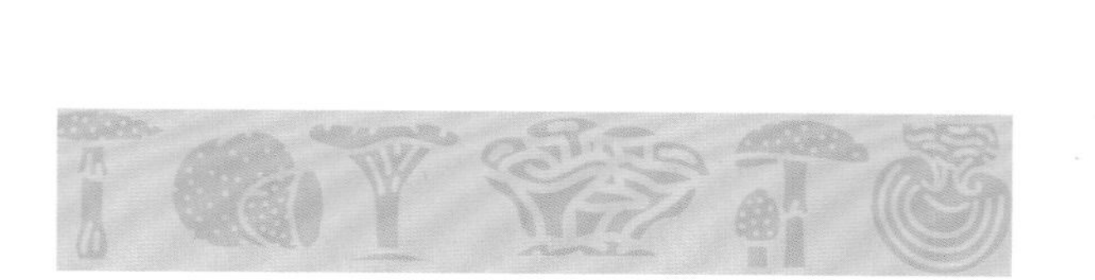

43 长柄梨形马勃

Lycoperdon excipuliforme.

【采集地点】宁夏六盘山国家森林公园下南川阔叶林中腐叶地上。

【形态特征】子实体高 4.5—6cm，上部近球形，下部有一个柄，整个外形似梨形，外包被表面具细微颗粒状小疣，孢体初呈橄榄色，后变为褐色。不孕基部发达，伸长如柄，长 3—4cm。

【生境】夏秋季节生于树林中地上或腐木上。群生。

【用途】幼时可以食用。药用。

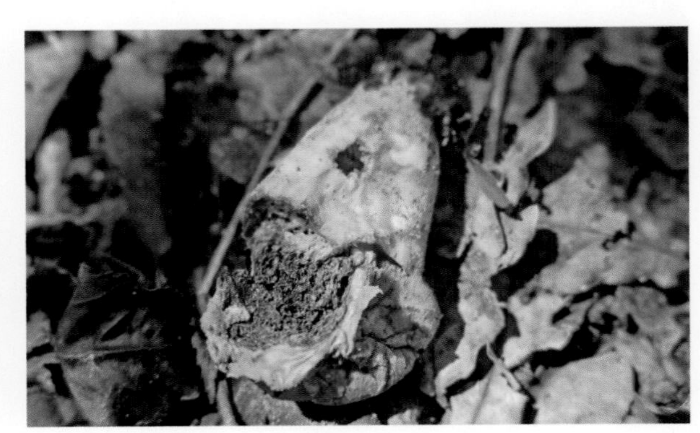

44 莫尔马勃
Lycoperdon molle.

【采集地点】泾源县城公园针叶林和桦树林中地上。

【形态特征】担子果近球形、倒梨形、陀螺形至具假柄，直径2—5cm，基部具分枝的根状菌索或有菌丝。外包被形成皮屑状鳞片、粉粒和细刺，幼时白色，后变为污黄色、黄褐色。内包淡黄色至灰白色，光滑，纸质，顶端具孔口。不孕基部不发达，灰褐色、淡黄褐色，有时稍带紫色，海绵状。孢子成熟时粉末状至带棉絮状，橄榄褐色至橘褐色。孢子球形，表面具不规则柱状疣。

【生境】夏秋季节生于针叶林或混交林中地上。单生，散生，群生。

【用途】食毒不明。药用。

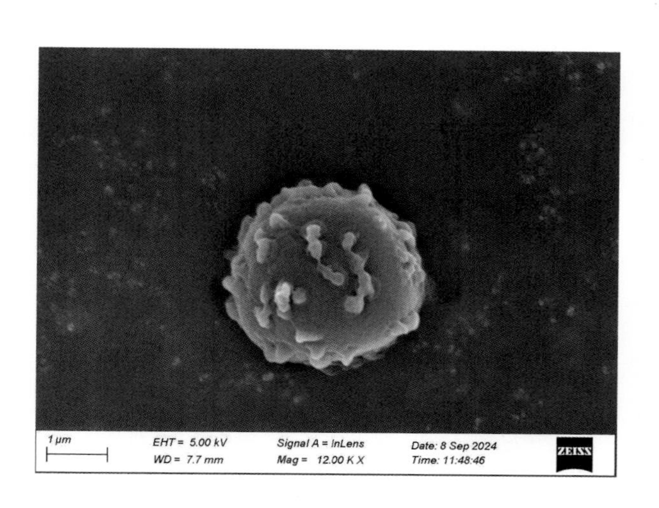

45 网纹马勃
Lycoperdon perlatum Pers.

【采集地点】泾源县新民乡大雪山落叶松林中地上。

【形态特征】子实体近球形或梨形，高2.5—7.5cm，宽2—5.5cm，初白色，后变为灰黄色至黄褐色，不孕基部发达，有时伸长如柄。外包被由大量密布小疣组成，其中混生有较大且易于脱落的长刺，刺脱落后出现浅色而光滑的斑点。孢体初为青黄色，后变为褐色，有时稍带紫色。孢子圆形，表面有刺，淡黄色。

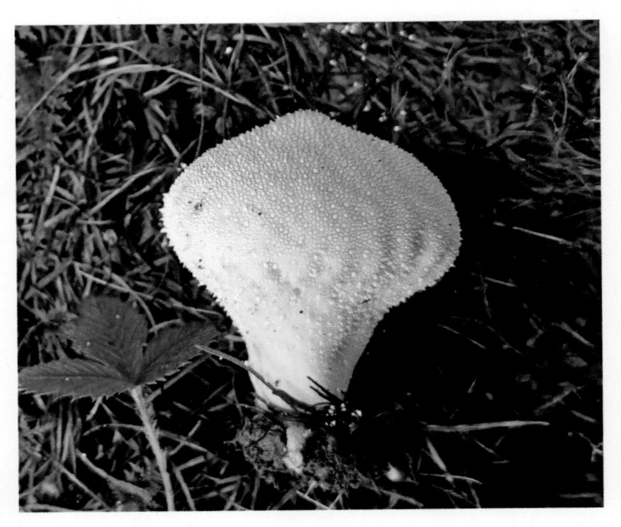

【生境】夏秋季节生于针叶林或阔叶林中地上，有时也生于腐木上或草地上。

【用途】幼嫩时可食。药用有止血、消炎、消肿的作用。

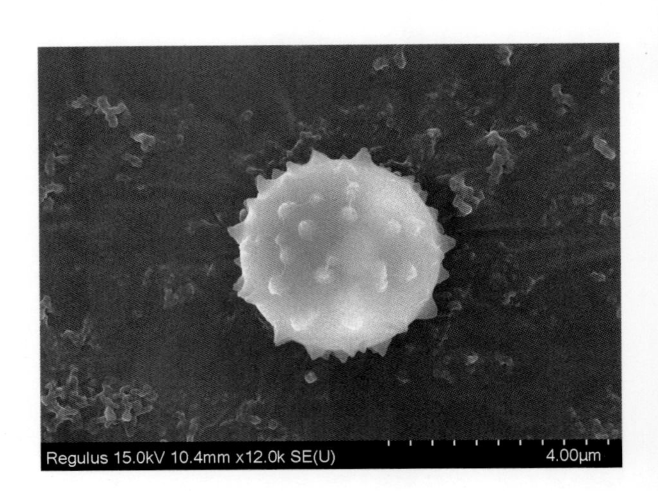

46 梨形马勃

Lycoperdon pyriforme Schaceff.: Pers.

【采集地点】泾源县苗木快繁中心旁山上松树林中地上。

【形态特征】子实体梨形，上部扁球形，往下渐细，形成一短柄，高 2—3.7cm，不孕部发达，由白色菌丝束固定在生长的基质上。子实体表面初期颜色淡，后呈茶褐色至暗烟灰色，外包被密布微细颗粒状小疣，内部橄榄色，后变为褐色，成熟后子实体顶部中央开裂一圆形小口，孢子可从这个口子喷出。

【生境】夏秋季节生于松树林或混交林中地上。

【用途】幼时可食用，成熟产生的孢粉可药用，有消炎止血作用。

47 马勃属种（可能新种）

Lycoperdon sp.

【采集地点】泾源县香水镇泾隆公路边桦树林中地上。

【形态特征】高3.5—5.5cm，直径2.5—4.5cm，圆球形至包子形，有两层包被，外包被由黄褐色的密集小刺组成，易脱落，内包被膜质，表面浅褐色。不孕部短。孢体黄绿色。孢子卵圆形，表面具稀疏的乳突疣，淡黄色，具小柄。

【生境】夏秋季节生于阔叶林中地上。单生或群生。

【用途】食毒不明。

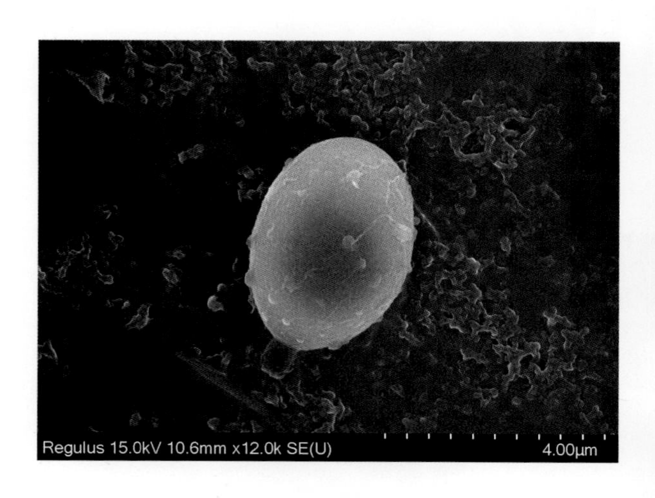

48 粒皮马勃
Lycoperdon umbrinum Pers.

【采集地点】崆峒山上栎树林中地上。

【形态特征】子实体高2.5—3.5cm，直径3—4cm，近梨形或陀螺形，初期白色，后蜜黄色至茶褐色、浅烟色，外包被粉粒状或小刺，不易脱落，老时部分脱落，露出光滑的内包被。孢体初为白色，成熟后青黄色或黄褐色，最后呈栗色。不孕基部发达。

【生境】夏秋季节生于阔叶林中地上。单生、散生。

【用途】幼嫩时可食用，老后其孢子粉可以做药，具有消炎止血作用。

49 鹅膏菌属种

Amanita sp.

【采集地点】宁夏六盘山国家森林公园榆树林中草地上。

【形态特征】菌盖直径 3—6cm，幼时呈半球形，后期近平展，中间稍凸起，边缘具短条纹，表面光滑，湿时黏。菌盖表面橙黄色。菌肉白色至淡黄色，较薄。菌褶离生，乳白色，较密，不等长，短菌褶在菌柄端渐窄。菌柄圆柱形，长 7—12cm，粗 1—1.2cm，白色，表面具上翻白色鳞片，基部膨大呈球状至卵状，内部实心至松软。菌托较小，袋形，表面鳞片污白色。

【生境】夏秋季节生于阔叶林或混交林中地上。单生，群生。

【用途】剧毒，不可食用。

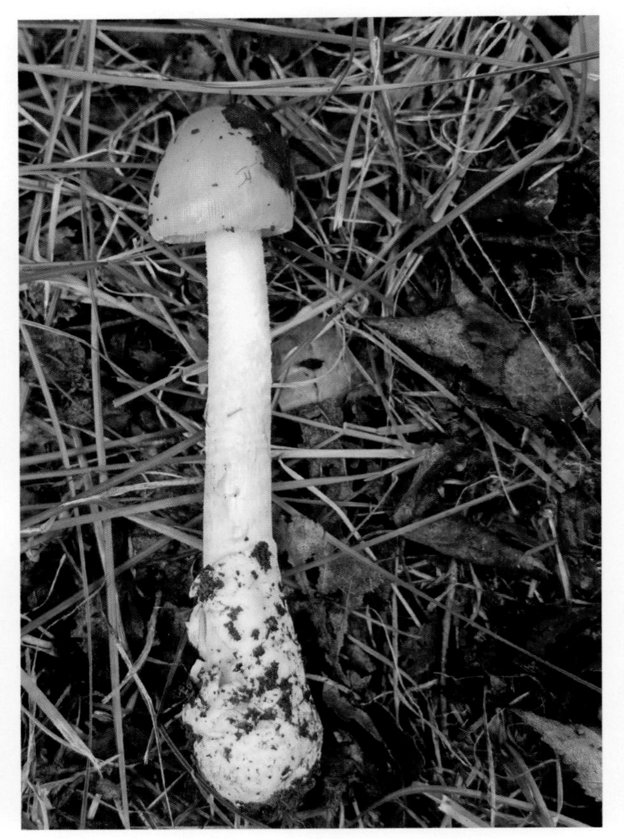

50 条斑锥盖伞
Conocybe moseri.

【采集地点】泾源县黄花乡胜利村混交林中地上。

【形态特征】子实体菌盖直径2—3cm，圆锥形，表面具明显细小条纹，被灰黑色细小鳞片。菌褶直生至弯生，不等长，稍稀，黄褐色。菌柄圆锥形，不直，长4—8cm，粗0.2—0.3cm，黄褐色，表面具细小纵条纹。孢子椭圆形，光滑，无色。

【生境】夏秋季节生于林中地上。群生。

【用途】食毒不明。

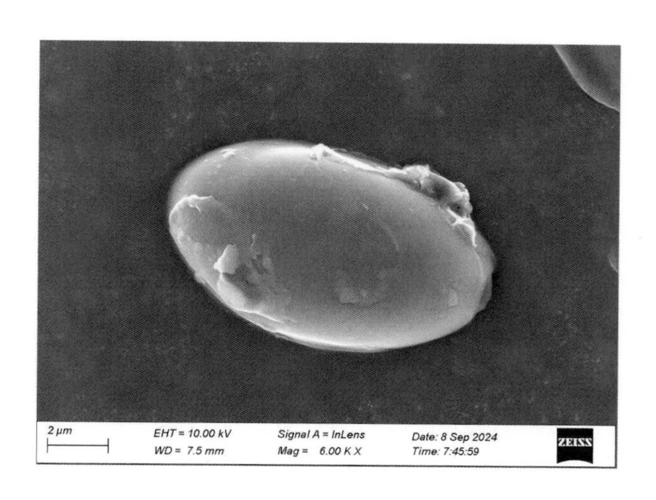

51 锥盖伞属种
Conocybe sp.

【采集地点】泾源县黄花乡胜利村混交林中地上。

【形态特征】子实体菌盖直径2—3cm，幼时圆锥形，后稍平展，表面具明显沟纹，米黄色，中央浅红棕色，被细小绒毛状鳞片。菌褶直生，不等长，中等密，浅棕色。菌柄圆锥形，长5—12cm，粗0.2—0.4cm，光滑，白色，中空，脆骨质，基部稍膨大。孢子卵形，光滑，无色。

【生境】夏秋季节生于林中地上。单生。

【用途】食毒不明。

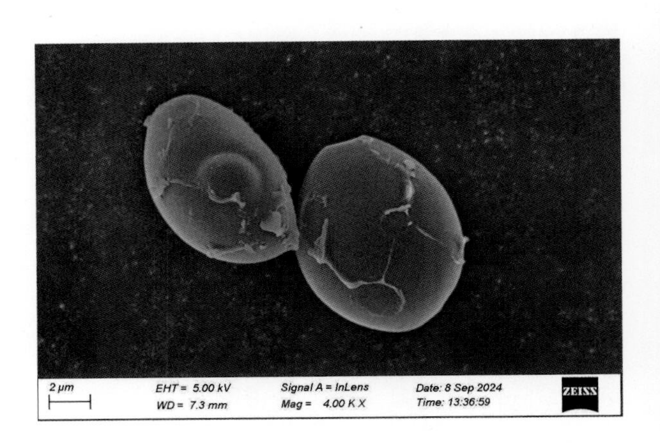

52 稠密丝膜菌
Cortinarius denseconnatus.

【采集地点】泾源县城公园树林边缘草地上。

【形态特征】子实体菌盖幼时扁半球形，后平展，老时边缘上翻，表面黄褐色、红棕色，被灰白色细鳞，光滑。菌肉浅粉色。菌褶直生至弯生，不等长，稍密，肉桂色。菌柄圆柱形，长 3—5cm，粗 1.5—2cm，上下近等粗，与盖同色，表面被红棕色纤丝状绒毛，实心至松软。

【生境】夏秋季节生于树林边缘草地上。群生或丛生。

【用途】食毒不明。树木外生菌根。

53 莱奥普斯丝膜菌

Cortinarius leiopus.

【采集地点】泾源县泾隆公路旁桦树林中落叶层上。

【形态特征】子实体菌盖幼时半球形，后渐平展，直径 1.5—3cm，表面被白色纤毛，黄褐色，光滑，湿时具水渍状。菌褶直生，较稀，不等长，污白色。菌膜蝉丝状，白色。菌柄圆柱形，长 3—5cm，粗 0.8—1.2cm，表面被白色蛛网状纤毛，基部膨大，被浓密的白色菌丝。孢子椭圆形，腹面凹陷，光滑，浅褐色。

【生境】夏秋季节生于阔叶林或混交林中落叶层上。

【用途】食毒不明。

54 米黄丝膜菌
Cortinarius multiformis Fr.

【采集地点】泾源县野荷谷树林边缘草地上。

【形态特征】子实体菌盖幼时半球形，后平展，直径3—7cm，初有白色絮状物，后变土黄色至锈褐色，光滑，干后有光泽，表面黏，边缘内卷具有丝膜。菌肉白色，后稍变粉紫或黄色。菌褶直生至弯生，不等长，稍密，呈淡粉紫色至锈黄色。菌柄圆柱形，长4—8cm，粗1—2cm，表面光滑或略有纤毛，白色，后变为黄色，基部膨大，内部松软。孢子椭圆形，具小疣，淡锈色。

【生境】夏秋季节生于树林边缘草地上。单生，散生。

【用途】可食用。外生菌根菌。

55 土星丝膜菌
Cortinarius saturninus.

【采集地点】泾源县香水镇上桥村混交林中地上。

【形态特征】子实体菌盖扁半球形至平展，直径 2—8cm，表面覆有细绒毛，橘黄色，中部颜色较深，光滑，干后有光泽，边缘内卷具有丝膜。菌褶黄褐色至棕褐色，较稀，直生至弯生，不等长。菌柄圆柱形，长 4—8cm，粗 0.5—1cm，表面被黄褐色纤毛。菌幕白色，丝膜质。

【生境】夏秋季节生于松树或针阔混交林中地上。群生或丛生。

【用途】食毒不明。

56 丝膜菌属种 1
Cortinarius sp.

【采集地点】泾源县城公园草地上。

【形态特征】子实体菌盖幼时半球形，后平展，直径 2—3cm，表面光滑，黄褐色至棕红色，黏，边缘内卷。菌肉白色。菌褶弯生，较密，米色，有锈斑。菌柄圆柱形，长 5—8cm，粗 0.5—1cm，上下近等粗，表面被纤丝状绒毛，米黄色，内部松软至中空。

【生境】夏秋季节生于树林边缘草地上。群生或丛生。

【用途】食毒不明。外生菌根菌。

57 丝膜菌属种 2
Cortinarius sp.

【采集地点】泾源县城树林边缘草地上。

【形态特征】子实体菌盖幼时半球形，后平展，直径5—8cm，边缘常波状，表面被一层白色绒毛。菌肉薄。菌褶弯生，不等长，宽，稍稀，黄褐色。菌膜蝉丝状，白色。菌柄圆柱形，长3—7cm，粗1—2cm，表面被白色丝绵状绒毛，内部松软后中空。

【生境】夏秋季节生于树林边缘草地上。群生，丛生。

【用途】食毒不明。

58 环带丝膜菌
Cortinarius trivialis.

【采集地点】宁夏六盘山国家森林公园阔叶林中草地上。

【形态特征】子实体菌盖直径4—11cm，扁平或近平展，中部稍凸起，边缘具沟纹，老时边缘上翻，黄褐色至褐色，表面平滑或具褐色绒毛，黏滑。菌肉污白色至淡黄褐色，无明显气味。菌褶直生至弯生，中等密，不等长，黄褐色、紫褐色。菌柄不等粗，中部具节状突起，长7—15cm，中部以上具纵沟纹，中部以下具明显的鳞片，且裂成许多环带，污白色，黏，实心。孢子黄褐色，表面粗糙具疣。

【生境】夏秋季节生于阔叶林或针阔混交林中地上。散生，群生。

【用途】有毒。

59 春丝膜菌

Cortinarius vernus.

【采集地点】宁夏六盘山国家森林公园凉殿峡混交林中地上。

【形态特征】子实体幼时钟形，后平展，表面酱紫色，被绒毛，中央具圆突，颜色较深，边缘锐薄。菌肉米黄色，薄。菌褶弯生，不等长，稍稀，黄褐色。菌柄圆柱形，近等粗，长5—9cm，粗0.6—1cm，表面颜色近盖色，纤丝状，内部松软至中空。

【生境】夏秋季节生于针叶林或针阔混交林中地上。单生，群生。

【用途】食毒不明。

60 高山滑锈伞
Hebeloma alpinum.

【采集地点】泾源县城公园草地上。

【形态特征】子实体菌盖直径3—8cm，幼时半球形，后平展呈凸镜形，表面污白色，光滑。菌肉白色。菌褶直生至弯生，不等长，密，肉桂色。菌柄圆柱形，长3—7cm，粗0.8—1.3cm，基部膨大，米色，表面具白色鳞片，纤维质，实心。孢子卵形，光滑，无色。

【生境】夏秋季节生于草地上。单生，散生。

【用途】食毒不明。

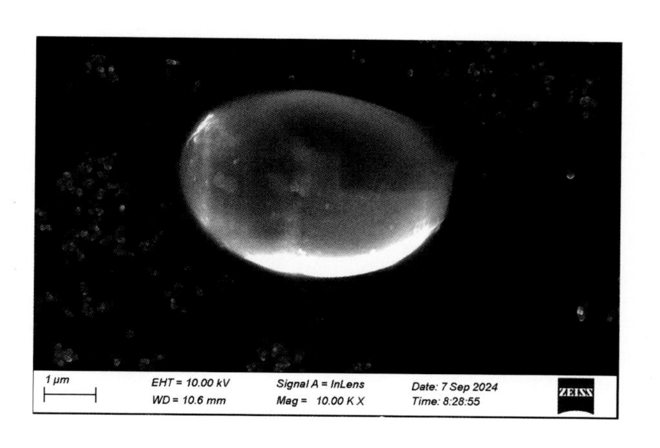

61 杜奶色滑锈伞
Hebeloma dunense.

【采集地点】泾源县香水镇永丰村树林中草地上。

【形态特征】子实体菌盖幼时扁半球形，后平展，中央稍下凹，直径 2—5cm，表面光滑，米黄色，边缘带菌幕残留。菌肉白色。菌褶弯生，不等长，稍密，淡粉红色。菌柄圆柱形，长 4—7cm，粗 0.4—0.7cm，表面纤丝状，同盖色，中空。菌环膜质，易消失。

【生境】夏秋季节生于草地上。单生。

【用途】食毒不明。

62 孢子虫滑锈伞
Hebeloma sporadicum.

【采集地点】泾源县城公园阔叶林中地上。

【形态特征】子实体菌盖直径5—9cm，幼时扁半球形，后期平展，表面光滑，黏，蛋壳色。菌肉白色，厚。菌褶弯生，稍密，不等长，粉褐色。菌柄圆柱形，长6—12cm，粗0.7—1cm，光滑，污白色，表面具白色上翻鳞片，内部中空。孢子椭圆形，淡褐色，表面具小疣突。

【生境】夏秋季节生于阔叶林或针阔混交林中地上。单生，散生。

【用途】食毒不明。

63 滑锈伞属种
Hebeloma sp.

【采集地点】泾源县泾隆公路边阔叶林中地上。

【形态特征】子实体菌盖幼时为半球形，后平展或不规则，中央稍凸，直径3—9cm，表面黄褐色，光滑，湿时水渍状。菌肉米黄色，不易变色。菌褶弯生，不等长，稍稀，粉褐色。菌柄圆柱形，长4—9cm，粗1—1.3cm，乳白色，光滑，表面具白色小鳞片，纤维质，内部松软。

【生境】夏秋季节生于阔叶林或混交林中地上。单生。

【用途】食毒不明。

64 红蜡蘑

Laccaria laccata (Scop.: Fr.) Berk.et Br.

【采集地点】泾隆公路旁桦树林中地上。

【形态特征】子实体菌盖近半球形，后平展，中央下凹成脐状，直径 1—5.5cm，肉红色至淡红褐色，湿润时水渍状，干燥时蛋壳色，边缘波状或者瓣状，并有粗条纹。菌肉薄，粉褐色。菌褶直生或近延生，稀疏，宽，不等长，并附有白色粉末。菌柄圆柱形或稍扁，下部常弯曲，纤维质，韧，内部松软，具有纵向条纹，长 3—8.5cm，粗 0.3—0.8cm，与菌盖同色。孢子圆形，具小刺，无色或淡黄色。

【生境】夏秋季节生于林中地上或枯枝落叶层上。散生或群生。

【用途】食用，味淡，西南地区人喜欢采食。药用，对某些肿瘤有抑制作用。外生菌根。

65 拱顶伞属种

Cuphophyllus sp.

【采集地点】宁夏六盘山国家森林公园凉殿峡针叶林中地上。

【形态特征】子实体菌盖直径 5—13cm，中间圆孔状下凹，表面丝光质，浅灰紫色，边缘内卷。菌肉灰白色。菌褶延生，中等密，不等长，灰白色。菌柄圆柱形，基部较粗，表面具纵条纹，中空，同菌褶颜色。

【生境】夏秋季节生于针叶林中地上。散生，群生。

【用途】食毒不明。

66 锥形湿伞
Hygrocybe conica.

【采集地点】隆德县泾隆公路边草丛中。

【形态特征】子实体菌盖直径2.5—4cm，初期圆锥形，成熟后变斗笠形至扁平，表面光滑，橙黄色至橙红色，边缘具条纹。菌肉浅橙黄色，薄。菌褶弯生至离生，不等长，有许多短菌褶，白色至淡黄色，较稀疏。菌柄圆柱形，长4—11cm，粗0.3—0.5cm，与盖同色，中空，表面有扭曲的纵条纹。子实体各部位受伤或干燥后迅速变为黑色。孢子卵形至椭圆形，光滑，无色。

【生境】夏秋季节生于林中、草地上，散生或群生。

【用途】有毒。

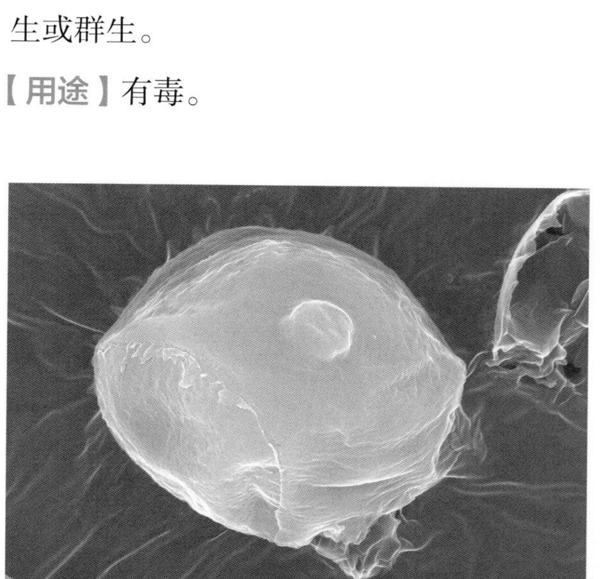

67 湿伞属种（可能新种）

Hygrocybe sp.

【采集地点】泾源县城公园草地上。

【形态特征】子实体菌盖直径 2—5cm，钟形或阔圆锥形，呈不规则花瓣状，表面幼时橙黄、绿色，后变橘黄色，光滑，泡水状。菌肉在盖中淡黄色，在菌柄中白色，接触空气后变黑。菌褶离生，不等长，稀，在盖边缘具小短菌褶，淡黄绿色。菌柄近圆锥形，扭弯状，长 2—5cm，粗 0.3—0.7cm，表面黄绿色，具纵向纤丝条纹，中空。

【生境】夏秋季节生于林地或田野的草丛中。单生或群生。

【用途】有毒。

68 平盖靴耳变种

Crepidotus applanatus var. Applanatus (Pers.) P.Kumm.

【采集地点】泾源县新民乡大雪山落叶松林中阔叶树的树桩上。

【形态特征】子实体菌盖直径 2—4cm，扇形、半圆形、肾形，表面无毛，具细条纹，边缘有时波状，内卷，湿时水渍状，幼时白色或黄白色，有茶褐色孢子粉，后变为褐色至浅土黄色。菌肉薄，白色至污白色。菌褶较密，初期白色，后变至浅褐色或肉桂色。菌柄不明显或具短柄。孢子印浅烟褐色、锈色或锈褐色。

【生境】夏秋季节生于阔叶树腐木、倒木、树桩上。覆瓦状生，群生，叠生。

【用途】食毒不明。

69 卡斯珀靴耳
Crepidotus caspari.

【采集地点】泾源县野荷谷。

【形态特征】子实体幼时扇形至贝壳形，白色，表面不光滑，成熟时扇形至近圆形，多背着生，表面白色至污白色，边缘完整，内卷，非水渍状，无条纹，基部具明显的放射状绒毛。菌褶弓形，直生，幼时白色至浅褐色，老后近浅锈色。孢子侧面观豆形，表面有凹陷变化，具蠕虫状至脑状回路纹饰，浅褐色。

【生境】夏秋季节生于阔叶树枯枝上。群生。

【用途】食毒不明。木腐菌，会造成木材腐朽。

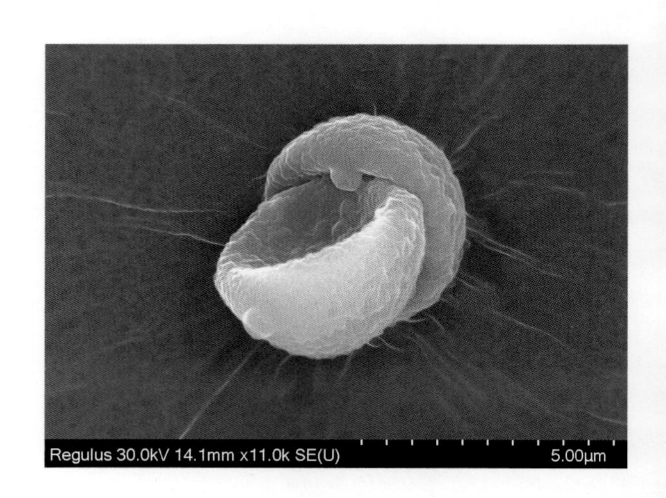

70 软靴耳

Crepidotus mollis (Schaeff.: Fr.) Gray.

【采集地点】宁夏六盘山国家森林公园枯立木上。

【形态特征】子实体扇形至广楔形，直径1—5cm，水浸后半透明，黏，干后全部白色，光滑，基部有一丛白毛，初期边缘内卷。菌肉薄，近膜质。菌褶稍密，从盖基部辐射状生出，白色，后变为深肉桂色。孢子椭圆形，光滑，淡锈色。

【生境】夏秋季节生于阔叶树的枯木上。

【用途】可食，但少有人采食。

71 条盖靴耳

Crepidotus striatus T. Bau & Y. P. Ge.

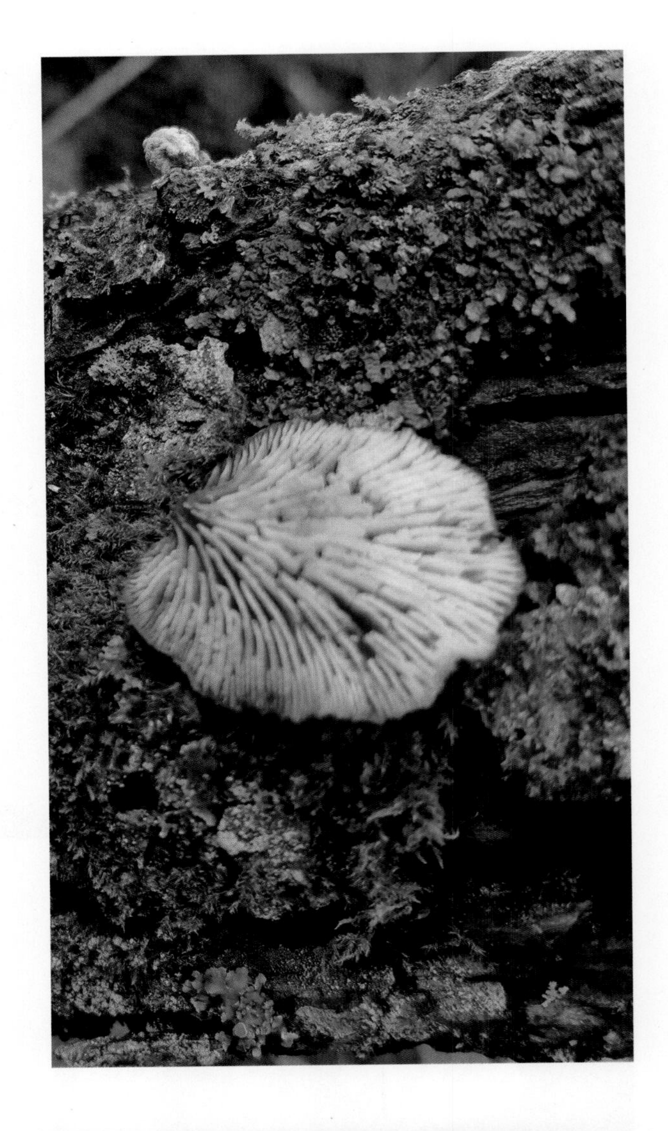

【采集地点】宁夏六盘山国家森林公园枯立木上。

【形态特征】子实体菌盖直径 1—2.5cm，幼时蹄形、贝壳形，表面黏，边缘具不明显条纹，成熟后白色、污白色至淡肉粉色、淡紫红色，半圆形、扇形、透镜形，老后盖面近平展，基部突起，无明显的菌丝，表面光滑，无绒毛和鳞片，盖缘波形，后具缺刻，边缘具明显条纹，较密，非水渍状。菌肉极薄，无特殊味道和气味。菌褶幼时白色，成熟后污白色至土褐色，弓形，延生。菌柄极小，幼时圆柱形，近透明，成熟后短圆柱形至点状，表面具白色菌丝。

【生境】夏秋季节生于阔叶树枯木上。群生。

【用途】食毒不明。

72 变形靴耳
Crepidotus variabilis (Pers.) P. Kumm.

【采集地点】泾源县新民乡大雪山混交林阔叶树枯枝上。

【形态特征】子实体菌盖直径 1.5—3.5cm，圆形、肾形、半圆形，像吸盘状固着在基质上，侧面着生，薄，新鲜时表面污白色、灰白色、灰黄色，被白色细绒毛，覆瓦状，边缘近光滑，向内卷曲，菌盖表面具粉质状覆盖物，后期脱落，光滑。菌肉初期白色，后近赭色，薄，微带有苦香味。菌褶稍密，不等长，初期白色，后变为黄褐色、淡肉桂色、淡黄棕色、红褐色。无柄或柄很短。孢子圆形、半圆形，表面粗糙，近无色或淡锈色，孢子印粉红色或粉褐色。

【生境】夏秋季节生于阔叶树的枯腐木上。叠生或群生。

【用途】食毒不明。

73 欺骗者丝盖伞

Inocybe decipiens&Inocybe leptophylla.

【采集地点】宁夏六盘山国家森林公园大门口云杉林中地上。

【形态特征】子实体菌盖幼时半球形，后平展，边缘上翻呈浅盘状，光滑，黄褐色。菌褶直生至弯生，不等长，中等密，白色带淡粉色色调。菌柄圆柱形，长 5cm，粗 0.4—0.6cm，等粗，光滑，浅粉红色。

【生境】夏秋季节生于针叶林或混交林中地上。散生。

【用途】食毒不明。

74 神秘丝盖伞
Inocybe mystica.

【采集地点】泾源县城公园林中地上。

【形态特征】子实体菌盖半球形，后平展，中央具圆突，表面被覆金黄色纤毛。菌褶离生至弯生，不等长，中等密，白色。菌柄圆柱形，长4—7cm，粗0.4—0.6cm，上下等粗，光滑，具细纵条纹，与盖同色。孢子近梨形，腹面具凹陷变化，光滑，无色，顶端具小柄。

【生境】夏秋季节生于树林中地上。群生。

【用途】食毒不明。

75 光帽丝盖伞
Inocybe nitidiuscula (Brizelm.) Lapl.

【采集地点】泾源县香水镇上桥村混交林中地上。

【形态特征】菌盖幼时锥形，后逐渐平展，老后边缘上翘，盖中央有小凸起，盖表纤丝状，中央深褐色，向边缘颜色渐淡，老后边缘开裂。菌肉白色半透明，淡土腥味。菌褶中等密，不等长，初直生，老后近延生，幼时污白色，成熟后带褐色，褶缘与褶面同色。菌柄长 3—5cm，圆柱形，等粗，上部黄褐色，下部淡褐色至灰白色，基部膨大具白色绵毛样菌丝体。孢子卵形，光滑，淡褐色。

【生境】夏秋季节单生或散生于针叶林或混交林中地上。

【用途】食毒不明，不要食。

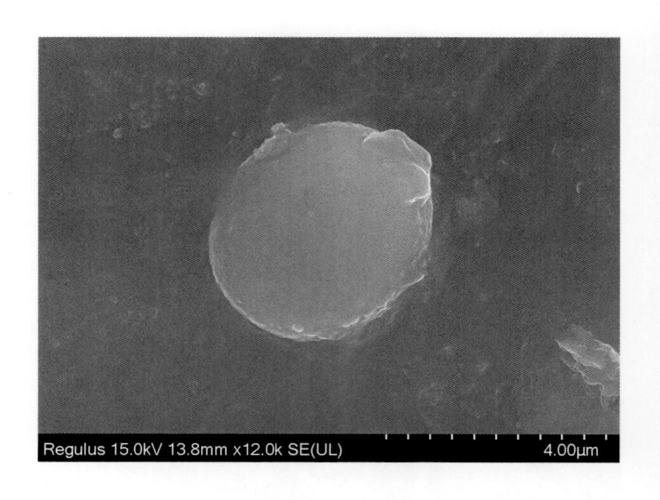

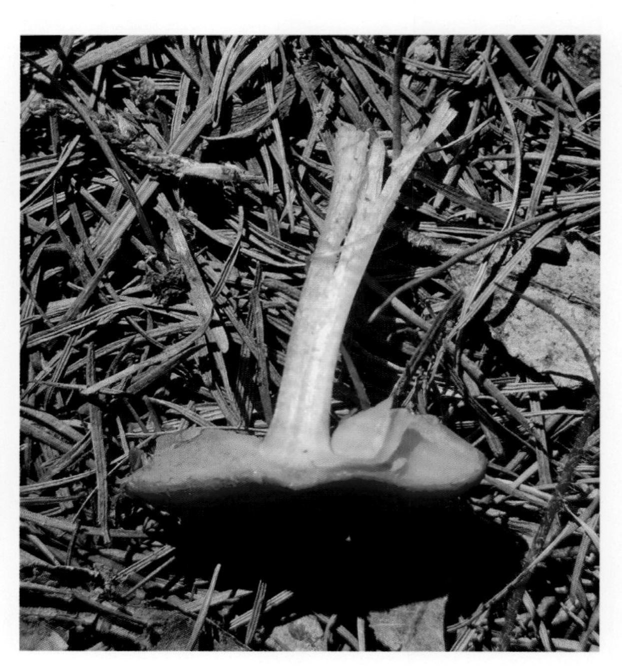

76 新茶褐丝盖伞
Inocybe neoumbrinella.

【采集地点】泾源县野荷谷树林边缘地上。

【形态特征】子实体菌盖幼时锥形，后渐平展，直径2.5—3.2cm，盖中央有明显的较锐的突起，粗纤维丝状，质地粗糙，除盖中央，表面呈明显的细裂缝，边缘开裂，黄棕色至棕褐色，突起色较淡。菌褶直生至弯生，不等长，密，幼时灰褐色带橄榄色，成熟后黄褐色。菌柄圆柱形，长3.5—4.5cm，粗0.3—0.4cm，中实，近等粗，较菌盖色淡，顶部呈白霜状，基部具白霜菌丝，表面纵条纹。

【生境】夏秋季节生于树林中地上。单生或散生。

【用途】食毒不明。

77 暗色丝盖伞
Inocybe obscuroides.

【采集地点】泾源县城公园云杉林中地上。

【形态特征】子实体菌盖直径 2—3cm，幼时半球形，后平展，中央具不明显突起，表面被紫褐色鳞片，边缘开裂。菌肉白色至浅紫色，薄。菌褶直生至弯生，不等长，稍稀，黄褐色。菌柄圆柱形，长 2—4cm，粗 0.5—0.7cm，近等粗，表面被紫红色纤丝，内部白色，中实，纤维质。孢子椭圆形，光滑，无色。

【生境】夏秋季节生于针叶林中地上。群生。

【用途】食毒不明。

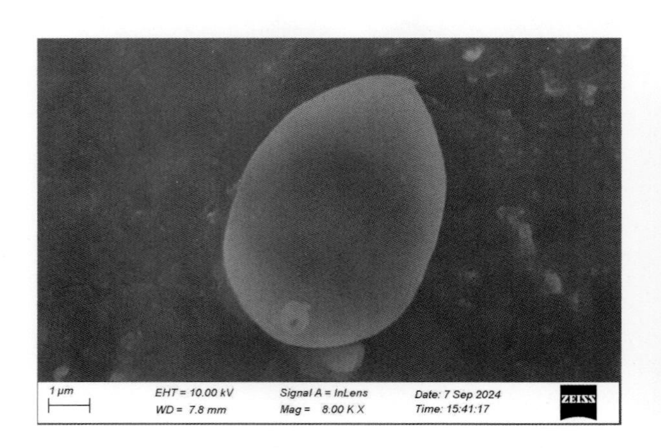

78 黄白丝盖伞
Inocybe ochroalba.

【采集地点】泾源县黄花乡羊槽村松树林中地上。

【形态特征】子实体菌盖幼时半球形，后平展，中央具光滑的钝突，直径 2—3cm，表面被细绒毛，黄褐色。菌褶弯生，不等长，稍稀，黄褐色。菌柄圆柱形，长 3—7cm，粗 0.3cm，表面与盖同色，具纵向纤丝状纹和颗粒状鳞片，中空。

【生境】夏秋季节生于针叶林或混交林中地上。群生或丛生。

【用途】食毒不明。

79 多拉贝拉科丝盖伞
Inocybe plurabellae.

【采集地点】泾源县城公园针叶林中地上。

【形态特征】子实体较小，菌盖直径1—2cm，幼时钟形，后平展，中央具钝突，表面被黑褐色纤丝鳞片，丝状开裂，中央颜色深。菌肉米黄色。菌褶直生至弯生，不等长，稍稀，黄褐色。菌柄圆柱形，长1.5—2.5cm，粗0.3—0.5cm，与菌褶同色，表面具细小白色鳞片，松软至中空。孢子卵圆形，腹面一端凹陷变化，表面具疣突，浅褐色。

【生境】夏秋季节生于针叶林或混交林中地上。单生，群生。

【用途】食毒不明。

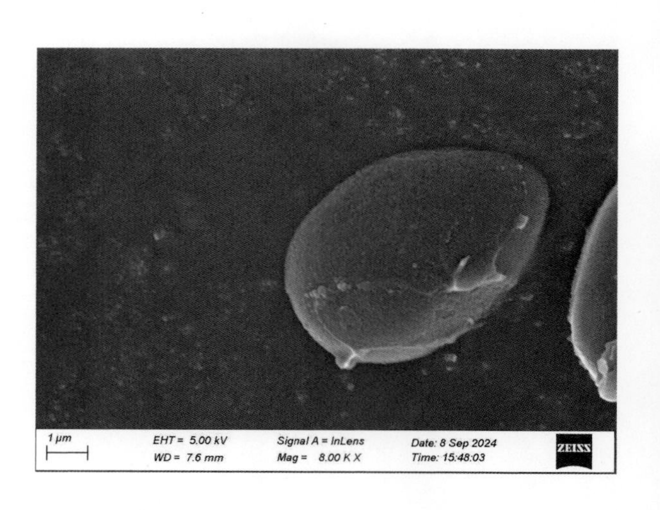

80 裂丝盖伞
Inoocybe rimosa (Bull.) P. Kumm.

【采集地点】泾源县六盘山镇松树林中地上。

【形态特征】子实体菌盖幼时钟形，后平展，中央锐突，表面米黄色至草黄色，具细裂缝至开裂。菌肉白色至淡黄色。菌褶直生近离生，不等长，较密，黄褐色至橄榄色。菌柄圆柱形，长 7—10cm，粗 0.4—0.6cm，近等粗，实心，白色至黄色，表面具纤丝纹。孢子长椭圆形，光滑，褐色。

【生境】夏秋季节生于针叶林和混交林上。单生或散生。

【用途】食毒不明。

81 华美丝盖伞
Inocybe splendens.

【采集地点】泾源县野荷谷草地上。

【形态特征】子实体菌盖幼时半球形至钟形，后平展，中央具钝圆近光滑的突起，有时不明显，幼时表面被较薄的菌幕残留，中央向边缘呈平伏的纤维丝状，深褐色至棕褐色，突起处米黄色至赭黄色。菌褶直生至弯生，不等长，中等密，幼时白色至灰白色，成熟后带褐色。菌柄圆柱形，长 4—9cm，粗 0.7—1cm，等粗，基部明显膨大，中实，白色带肉褐色，表面带白色霜状颗粒。菌肉酸味，菌盖菌肉肉质，幼时雪白色，成熟后米黄色。孢子杏仁形，顶部锐，光滑，黄褐色。

【生境】夏秋季节生于杨树、桦树等阔叶树林中地上。散生。

【用途】食毒不明。

82 塞罗蒂纳丝盖伞
Inocybe serotina.

【采集地点】泾源县城公园草地上。

【形态特征】子实体菌盖幼时半球形，直径 2—4cm，后平展，中央具圆突，光滑，表面黄褐色，中央污白色，菌肉白色。菌褶离生，不等长，中等密，米色。菌柄圆柱形，长 3—5cm，粗 0.4—0.5cm，等粗，光滑，淡绿色，肉质至纤维质。孢子近椭圆形，光滑，浅褐色。

【生境】夏秋季节生于阔叶林或混交林中地上。单生或散生。

【圆突】食毒不明。

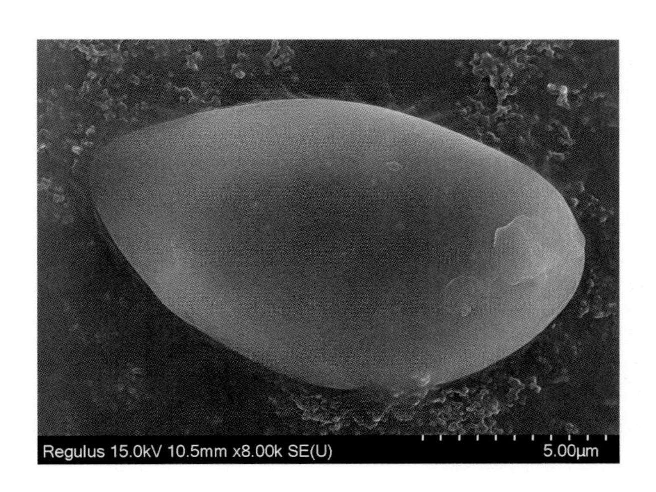

83 丝盖伞属种
Inocybe sp.

【采集地点】泾源县城公园树林草地上。

【形态特征】子实体菌盖幼时半球形，后平展，中央具光滑圆突，直径2—4cm，表面淡黄绿色，被羽状鳞片，边缘开裂。菌褶弯生，不等长，稀，米黄色至黄褐色。菌柄圆柱形，长3—6cm，粗0.4—0.6cm，光滑，淡米黄色。孢子近卵形，光滑，淡黄色。

【生境】夏秋季节生于阔叶树或针阔混交林中地上。群生。

【用途】食毒不明。

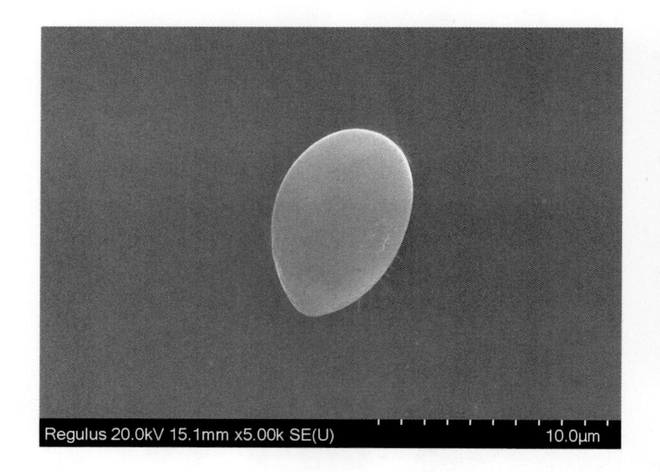

84 丝盖伞属种（可能新种 1）
Inocybe sp.

【采集地点】泾源县香水镇上桥村针阔混交林中地上。

【形态特征】子实体菌盖幼时钟形至半球形，后平展呈斗笠形，直径 1—2cm，中央具钝突和裂开鳞片，周围覆细纤丝状绒毛，浅黄棕色，颜色均一，边缘有开裂。菌褶弯生至离生，不等长，稀，黄褐色。菌柄圆柱形，弯曲，下部较粗，长 4—6cm，粗 0.3—0.5cm，表面光滑，中上部黄褐色，下部乳白色，中空。孢子近卵形，光滑，淡黄色。

【生境】夏秋季节生于针阔混交林中地上。散生。

【用途】食毒不明。

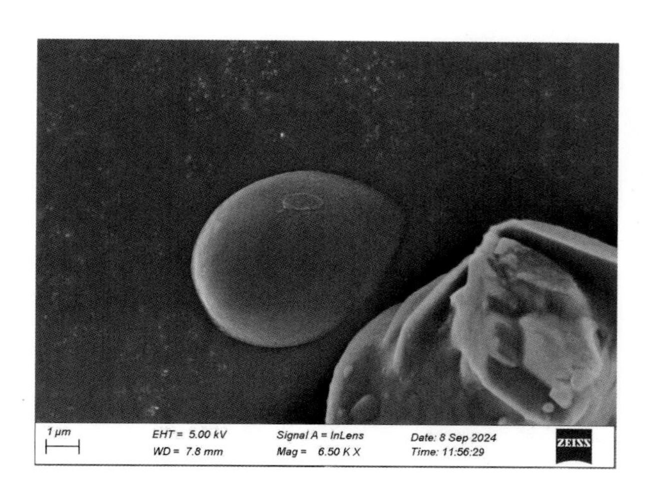

85 丝盖伞属（可能新种 2）

Inocybe sp.

【采集地点】泾源县城公园针叶林中地上。

【形态特征】子实体较小，菌盖直径 2—3.5cm，幼时斗笠形，后平展，中央具乳突，表面被黑褐色纤毛，老后呈放射状开裂，乳突光滑、黑色。菌肉白色。菌褶离生，不等长，稍稀，黄褐色。菌柄圆柱形，基部稍膨大，长 2—3cm，粗 0.3—0.6cm，黄褐色，表面具白色鳞片，纤维质，中空。

【生境】夏秋季节生于针叶林中地上。单生，群生。

【用途】食毒不明。

86 丝盖伞属（可能新种 3）

Inocybe sp.

【采集地点】泾源县城北边公园混交林中地上。

【形态特征】子实体菌盖直径 2—4cm，幼时钟形，后平展，表面被细纤丝，具丝光，棕褐色，中央颜色较深。菌褶弯生，不等长，密，白色。菌柄圆柱形，长 3—5cm，粗 0.5—0.8cm，水渍状，黄褐色，表面被白色细纤丝绒毛，松软至中空。

【生境】夏秋季节生于树林中地上。群生，丛生。

【用途】食毒不明。

87 泰林丝盖伞
Inocybe tjallingiorum.

【采集地点】泾源县六盘山镇松树林中苔藓地上。

【形态特征】子实体中小型，菌盖幼时为半球形，后平展，直径2—5cm，中央稍有突起，表面平伏细绒状纤毛，灰紫色。菌褶弯生，不等长，较稀，米黄色。菌柄圆柱形，长4—6cm，粗0.3—0.4cm，等粗，表面光滑，具纵向条纹。

【生境】夏秋季节生于针叶林或混交林中地上。

【用途】食毒不明。

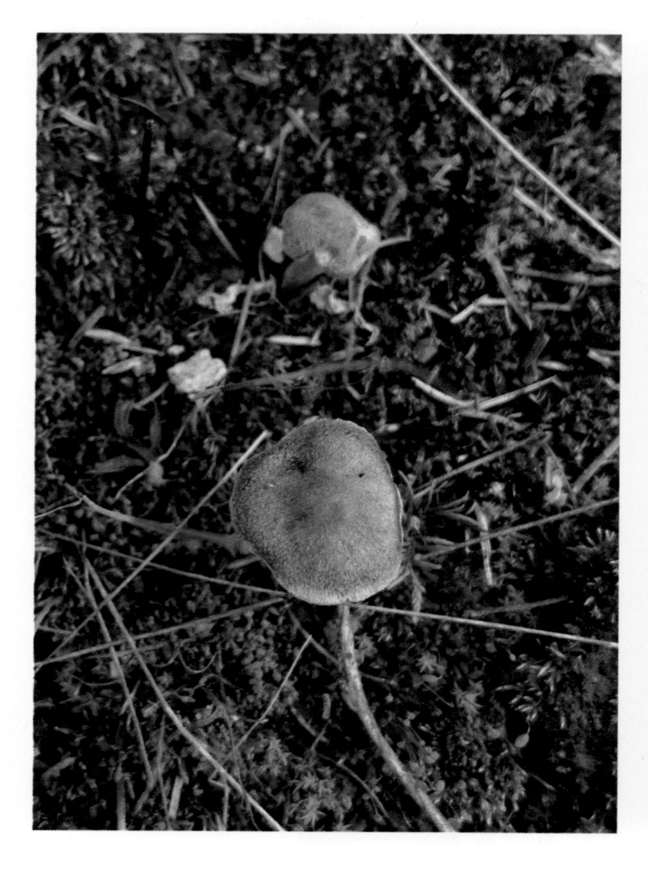

88 岐盖伞属种 1
Inosperma sp.

【采集地点】泾源县城公园草地上。

【形态特征】子实体菌盖幼时半球形，后平展，中央钝突或不明显，光滑，直径1.5cm，表面光滑，米黄色，中央色稍深。菌肉米黄色。菌褶直生，不等长，较密，浅灰紫色。菌柄圆柱形，长3—5cm，粗0.3—0.4cm，近等粗，同盖色，表面具纤丝状鳞片，肉质至纤维质，中空。孢子近椭圆形，一端凹陷变化，表面具疣突，浅黄色。

【生境】夏秋季节生于混交林中地上。单生，散生。

【用途】有毒。

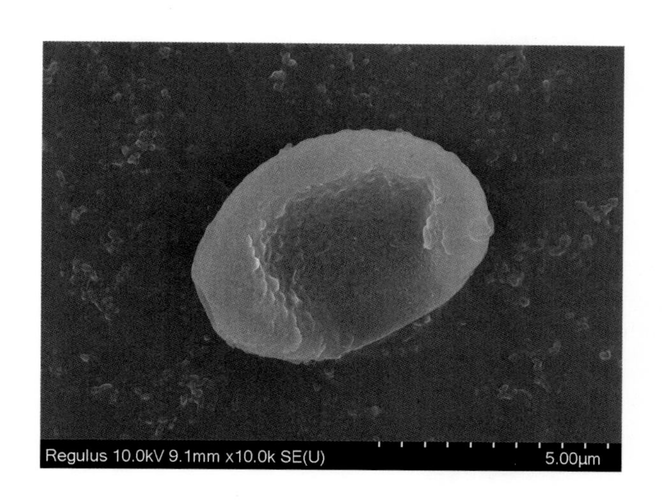

89 岐盖伞属种 2

Inosperma sp.

【采集地点】泾源县胭脂峡路边松树林中地上。

【形态特征】子实体菌盖直径 8cm，幼时钟形，后平展呈斗笠形，中央具锐突，表面覆细纤丝状粗毛，淡紫褐色，中央色稍深，盖边缘会开裂。菌肉白色。菌褶直生，不等长，稍密，淡粉红色。菌柄圆柱形，长 12cm，粗 0.8cm，纤维质，表面具纵条纹柄扭曲样，中上部浅黄褐色，基部紫红色，实心。

【生境】夏秋季节生于松树林中地上。

【用途】有毒。

90 裂丝盖伞属

Pseudosperma obsoletum.

【采集地点】泾源县城北边公园树林草地上。

【形态特征】子实体菌盖幼时钟形至斗笠形，直径 2—5cm，成熟后平展，中央具较钝突起，周围表面纤维丝状，菌盖边缘小至深开裂，土黄色至深土黄色。菌褶直生至弯生，不等长，中等密，幼时灰白色，成熟后黄褐色。菌柄圆柱形，长 3—7cm，粗 0.5—0.8cm，中实，被白色粉颗粒状鳞片。菌盖菌肉肉质，米黄色。孢子近圆形，顶端有芽孔，具疣突，浅褐色。

【生境】夏秋季节生于阔叶树中地上。单生或散生。

【用途】食毒不明。

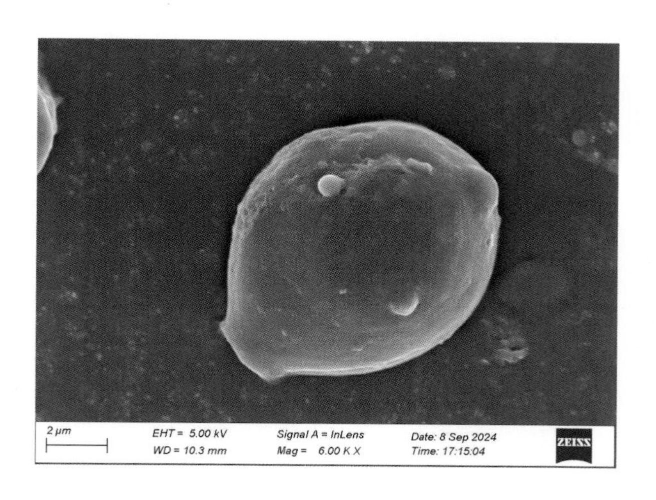

91 离褶伞
Clitolyophyllum sp.

【采集地点】泾源县香水镇下桥村路边阔叶林中地上。

【形态特征】子实体外形似杯伞、斜盖菇和平菇，群生、丛生；菌盖直径5—10cm，幼时扁平，展开后中央下凹呈漏斗状，表面光滑，灰褐色。菌肉白色。菌褶延生，不等长，稍稀，黄褐色带粉色调。菌柄圆柱形，长4—8cm，粗0.8—1cm，表面光滑，与菌盖同色，松软至中空，基部具绒毛和粗菌丝。

【生境】夏秋季节生于阔叶林或混交林下落叶层上。群生或丛生。

【用途】食毒不明。

92 假金丽蘑
Rugosomyces pseudoflammula.

【采集地点】泾源县黄花乡胜利村混交林林中落叶层上、泾隆公路旁桦树林中落叶层上。

【形态特征】子实体菌盖幼时扁半球形，后平展，直径 3—8cm，表面光滑，水渍状，柠檬黄色。菌肉浅黄色。菌褶直生，不等长，密，同盖色。菌柄圆柱形，光滑，基部有白色绒毛状菌丝，同盖色，中空。孢子近圆形，表面具疣刺，浅黄色。

【生境】夏秋季节生于阔叶树林或混交林中地上或落叶层上。散生或群生。

【用途】食毒不明。

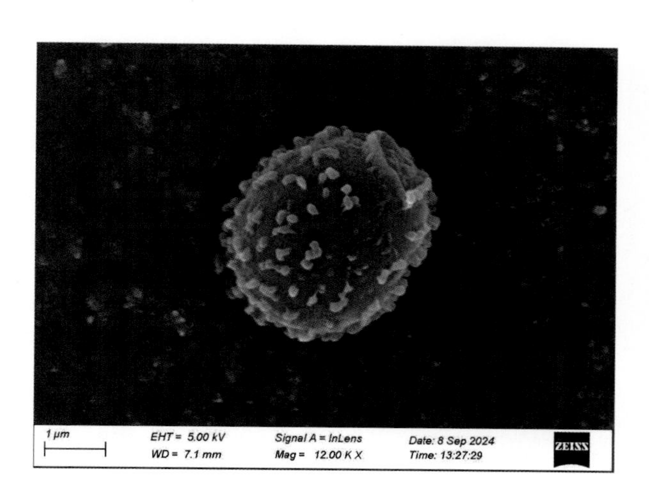

93 融合小皮伞
Marasmius confertus.

【采集地点】泾源县黄花乡胜利村混交林中地上。

【形态特征】子实体菌盖直径1.5—3cm，幼时半球形，后平展，表面具不明显的放射状条纹，中央具乳突，米黄色，中央颜色较深，光滑。菌肉米黄色，薄。菌褶弯生，不等长，很稀，米黄色。菌柄圆柱形，基部稍膨大，长5—10cm，粗0.3—0.5cm，表面米黄色，光滑，中空。孢子近卵形，无色，表面具疣。

【生境】夏秋季节生于针叶林或混交林中地上。单生，散生，群生。

【用途】食毒不明。

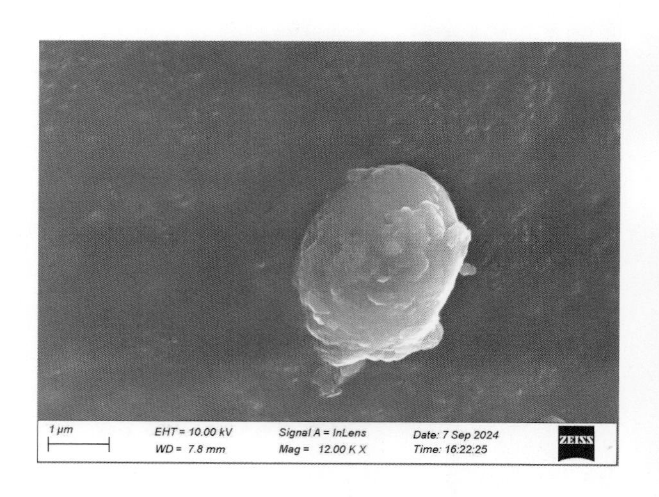

94 琥珀小皮伞（干小皮伞）

Marasmius siccus (Schw.) Fr.

【采集地点】泾源县野荷谷树林落叶层上。

【形态特征】子实体菌盖直径0.7—2cm，扁半球形、钟形，膜质，质韧，干，光滑，深肉桂色至琥珀褐色，中央颜色较深，具稀疏辐射状褶纹，通达菌盖中央。菌褶近离生，白色，稀疏。菌柄圆柱形，细，角质，长4—7cm，粗0.1—0.15cm，中空，光滑，有光泽，深烟色，顶部近白色，基部有白毛。孢子椭圆形，向基部尖削，表面具疣突，浅色。

【生境】夏秋季节生于阔叶林的枯枝落叶层上。

【用途】分解落叶。

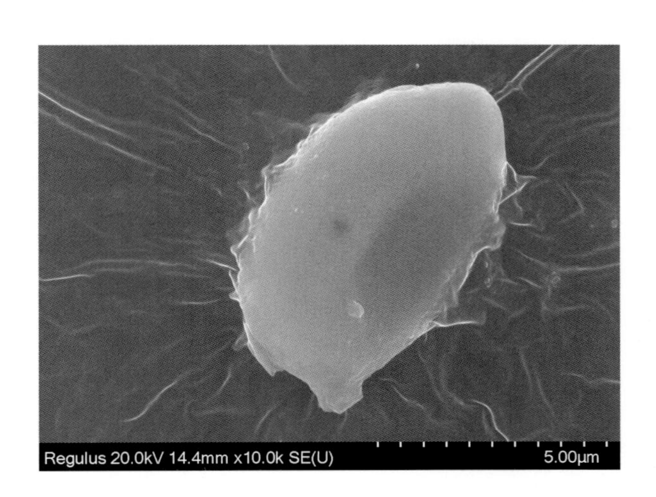

95 黄柄小菇
Mycena epipteygia (Scop) Gray.

【采集地点】泾源县野荷谷针阔混交林落叶层生。

【形态特征】子实体菌盖直径 0.4—2cm，幼时半球形、钟形，老后平展或稍下凹，表面柠檬黄色、灰黄色、橄榄色，有时中央色较淡，黏，幼时中央稍带粉霜，具透明状条纹，不形成明显沟槽。菌肉灰白色，薄，气味不明显，淡胡萝卜味。菌褶直生至稍弯生，褶间具横脉，与菌柄连接处呈锯齿状，淡黄色。菌柄圆柱形，长 3—12cm，粗 0.1—0.3cm，黏，骨脆质，中空，柠檬黄色、橄榄绿色、淡褐色，表面覆纤维状白色绒毛。孢子泪滴形，光滑，无色。

【生境】夏秋季节生于针阔混交林中落叶层。单生或散生。

【用途】食毒不明。

96 血红小菇
Mycena haematopus.

【采集地点】泾源县香水镇上桥村混交林中腐木上。

【形态特征】子实体菌盖直径0.7—3.5cm，幼时花蕾形，后半球形或钟形，老后稍平展，中央红色、酒红色至红褐色，向边缘渐浅至乳白色，幼时表面粉末状，老后光滑，具透明状条纹，常开裂呈锯齿状，受伤后流出血红色乳汁。菌肉白色，薄，气味不明显，淡胡萝卜味。菌褶直生至弯生，不等长，稍稀，白色，与菌柄连接处呈锯齿状。菌柄圆柱形，长2.5—7cm，粗0.1—0.3cm，中空，脆骨质，表面红褐色，被白色细粉状颗粒或细小绒毛，受伤后流出血红色乳汁，基部具白色绒毛。孢子近椭圆形，表面具疣突，无色。

【生境】夏秋季节生于针阔混交林中腐木上。丛生。

【用途】食毒不明。

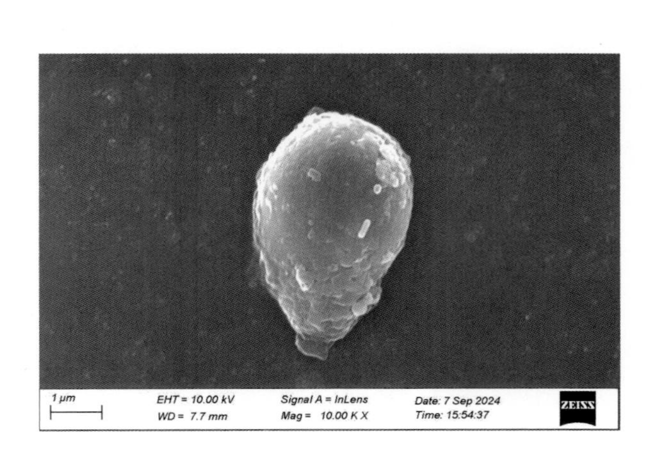

97 蓝小菇

Mycena galericulata.

【别名】灰盖小菇。

【采集地点】宁夏六盘山国家森林公园阔叶林中落叶层上。

【形态特征】子实体菌盖直径 1.8—6cm，幼时凸镜形，后平展，中央钝圆凸，暗褐色，表面具放射状沟纹，浅褐色、米褐色，边缘老后开裂，湿时黏，干后呈褶皱状。菌肉白色，薄，具明显淀粉味。菌褶直生至弯生，稍稀，不等长，褶间具横脉，白色至灰白色。菌柄圆柱形，上下等粗，长 4—12cm，粗 0.2—0.5cm，脆骨质，中空，表面光滑，上部白色至灰白色，向下灰褐色—深褐色，基部具少量白色绒毛。孢子宽椭圆形至椭圆形，光滑，无色。

【生境】夏秋季节生于阔叶林或针阔混交林中落叶层、腐木上。单生，散生。

【用途】食毒不明。

98 铅灰色小菇
Mycema leptocephala (Pers.) Gillet.

【采集地点】泾源县野荷谷枯枝上。

【形态特征】子实体菌盖幼时圆锥形至钟形，老后略平展，中央钝圆突起，表面淡灰褐色、淡米黄色，中央黑褐色，边缘灰色，具透明条纹，形成浅沟槽，边缘平整。菌肉污白色，薄，易碎，淡淀粉味。菌褶弯生至稍延生，与菌柄连接处呈锯齿状。菌柄圆锥形，长 2.8—7cm，粗 0.5—1mm，中空，脆骨质，灰色，向下至灰褐色，上部光滑，下部被粉霜，基部根状，具白色长绒毛。

【生境】夏秋季节生于阔叶树腐木上。单生，群生。

【用途】食毒不明。

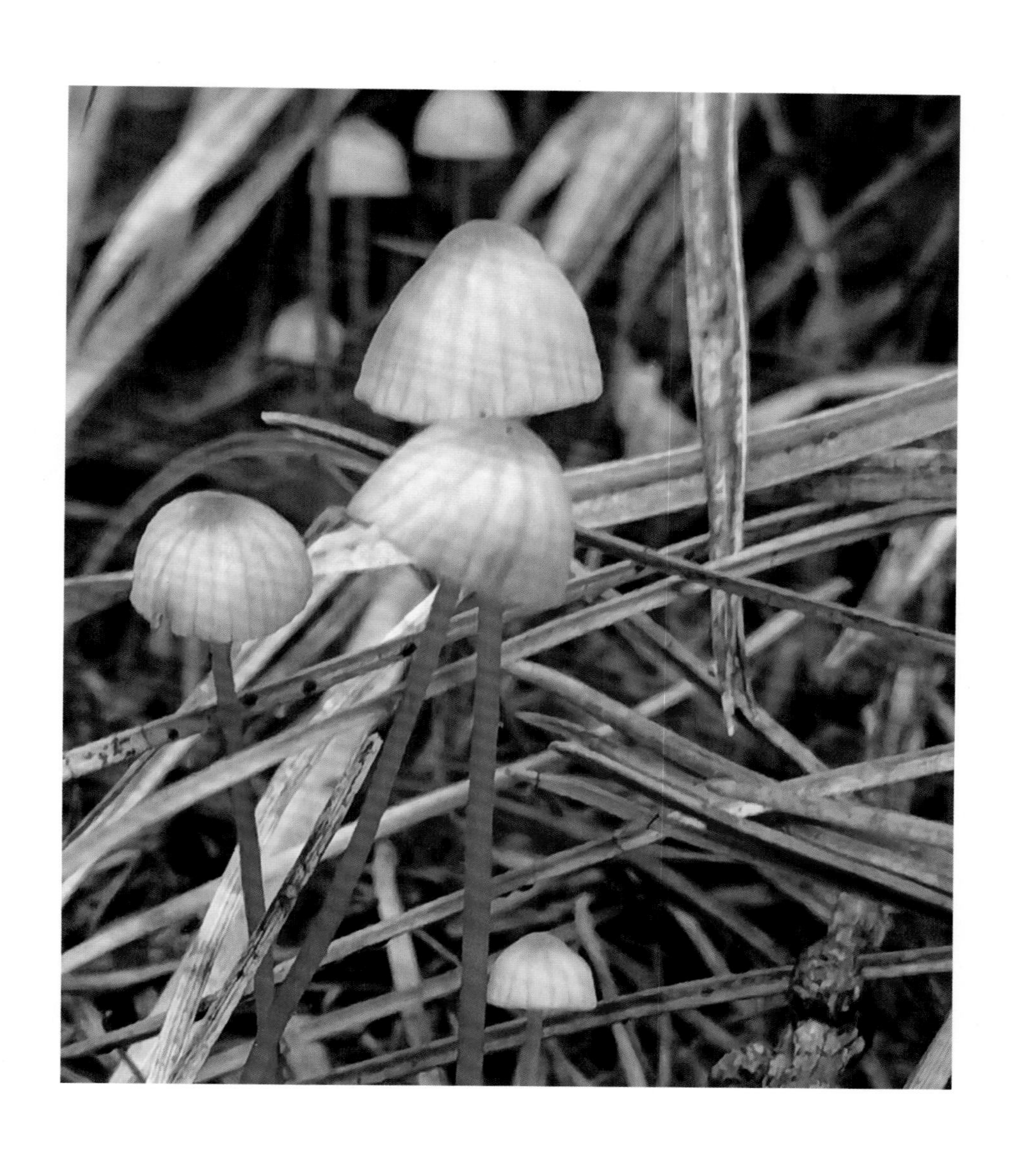

99 皮尔森小菇
Mycena pearsoniana.

【采集地点】泾源县黄花乡胜利村混交林落叶层上。

【形态特征】子实体菌盖0.9—1.8cm，幼时半球形或凸镜形，老后平展，中央钝圆凸起或偶尔稍下凹，表面淡紫色、淡灰紫色、紫色、深紫色，边缘渐浅至灰紫色、灰白色，湿时黏，老后边缘稍呈锯齿状，边缘具透明条纹，水渍状。菌肉淡灰紫色，薄，具强烈的胡萝卜味。菌褶淡紫罗兰色至紫色，弯生至稍延生，褶间具横脉。菌柄圆柱形，长4—7cm，粗0.2—0.4cm，中空，骨脆质，灰紫色至深紫色，具丝光或白色纤丝状条纹，具少量粉霜，易脱落，基部稍膨大且具少量白色菌丝。孢子橄榄形，无色，表面具疣刺。

【生境】夏秋季节生于针阔混交林中落叶层上。散生，群生，丛生。

【用途】食毒不明。

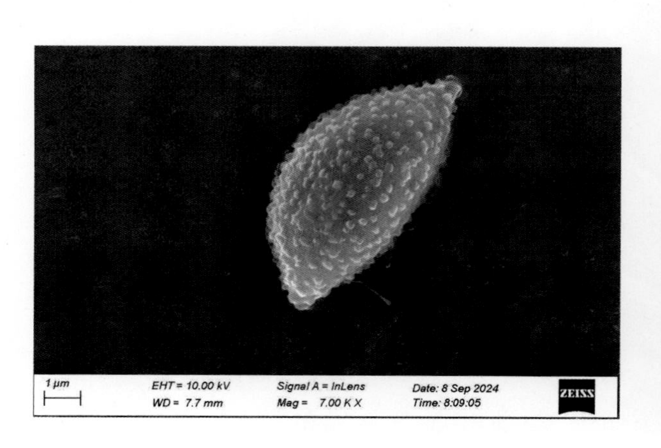

100 小菇属种（可能新种）

Mycena sp.

【采集地点】宁夏六盘山国家森林公园阔叶林中落叶层上。

【形态特征】子实体菌盖直径2—3cm，半球形，中部钝突，表面具沟纹，紫褐色。菌肉薄。菌褶弯生，稍稀，不等长，褶间具横脉，白色至浅紫色。菌柄圆柱形，长5—10cm，粗0.2—0.4cm，表面光滑，脆骨质，中空，紫褐色。

【生境】夏秋季节生于阔叶林中落叶层上。单生，散生。

【用途】食毒不明。

101 绿缘小菇
Mycena viridimarginata P. Karst.

【采集地点】宁夏六盘山国家森林公园针阔混交林中腐木上。

【形态特征】子实体菌盖直径 0.8—4.6cm，幼时圆锥形，老后平展，中央乳突状突起，深褐色至褐色，向边缘渐浅至乳白色，带有橄榄绿色，表面呈粉霜，后光滑，湿时黏，具透明状条纹并形成沟槽，边缘不整。菌肉白色，薄，气味与味道不明显。菌褶直生至稍弯生，不等长，中等密，与菌柄连接处具锯齿状，乳白色。菌柄圆柱形，长 3—7cm，粗 0.3—0.5cm，骨脆质，中空，淡紫色、柠檬黄色、黄绿色、橄榄绿色、淡褐色，基部密被白色绒毛。孢子椭圆形，光滑，无色。

【生境】夏秋季节生于针阔混交林中腐木上。丛生。

【用途】食毒不明。

102 堆裸脚菇

Gymnopus acervatus (Fr.) Murrill.=Collybia acervata (Fr.) Gill.

【采集地点】宁夏六盘山国家森林公园阔叶树落叶层上。

【形态特征】子实体菌盖半球形至平展，中央稍突起，有时成熟时边缘反卷，直径2—7cm，薄，表面光滑，浅土黄色至深土黄色，湿时边缘具不明显条纹。菌肉白色，薄。菌褶直生至离生，不等长，密，白色。菌柄细长，圆柱形，长3—7cm，粗0.2—0.7cm，表面浅褐色至黑褐色，纤维质，中空，基部具白色绒毛。孢子椭圆形，光滑，无色。

【生境】夏秋季节生于落叶层上。群生或丛生。

【用途】食用。

103 绒柄裸脚菇（群生金钱菌）

Gymnopus confluens (Pers.) Antonin et al.=Collybia confluens (Pers.) P. Kumm.

【采集地点】泾源县新民乡大雪山落叶松林中落叶层上。

【形态特征】子实体菌盖钟形至凸镜形，后平展，中部微突起，直径1.5—4cm，表面光滑，具放射状条纹，淡褐色至淡红褐色。菌肉淡褐色，薄。菌褶弯生至离生，不等长，密，浅灰褐色至米黄色，褶缘白色。菌柄圆柱形，中生，长4—8cm，粗0.3—0.6cm，表面光滑或有沟纹，红褐色，向基部颜色渐深，表面具白色绒毛，中空。孢子椭圆形，光滑，无色。

【生境】夏秋季节生于林中落叶层或腐枝层。群生或丛生。

【用途】食用。

104 栎裸脚菇

Gymnopus dryophilus. =Collybia dryophila.

【采集地点】宁夏六盘山国家森林公园阔叶林中落叶层上。

【形态特征】子实体菌盖半球形至平展，直径1—4cm，表面光滑，黏，灰白色或淡土黄色，中部颜色较深，带黄褐色，周围颜色较淡，边缘具细条纹。菌肉近菌盖色，薄。菌褶离生至弯生，不等长，密，白色，褶缘平滑或具有小锯齿。菌柄圆柱形，长3—6cm，粗0.1—0.3cm，光滑，表面淡土黄色，上部色淡，基部稍膨大，空心。孢子近圆形，表面具疣突，无色。

【生境】春—秋季生于阔叶林的落叶层上。群生至丛生。

【用途】有毒。

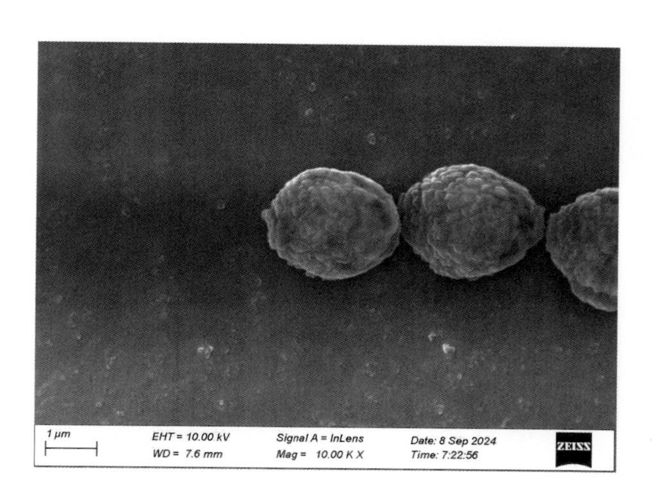

105 密褶裸脚菇
Gymnopus densilamellatus.

【采集地点】宁夏六盘山国家森林公园阔叶树落叶层上。

【形态特征】子实体菌盖幼时凸镜形，后至平展或中央具浅凹陷，直径3—5.5cm，边缘反卷，有时呈波状，表面光滑，淡粉棕色，中央色较深。菌肉白色，薄。菌褶直生至弯生，不等长，密，白色。菌柄圆柱形，长4—8cm，粗0.3—0.5cm，白色透淡酒红色，表面具白色细绒毛。孢子光滑，无色。

【生境】夏秋季节生于阔叶林或混交林中落叶层上。

【用途】有毒。

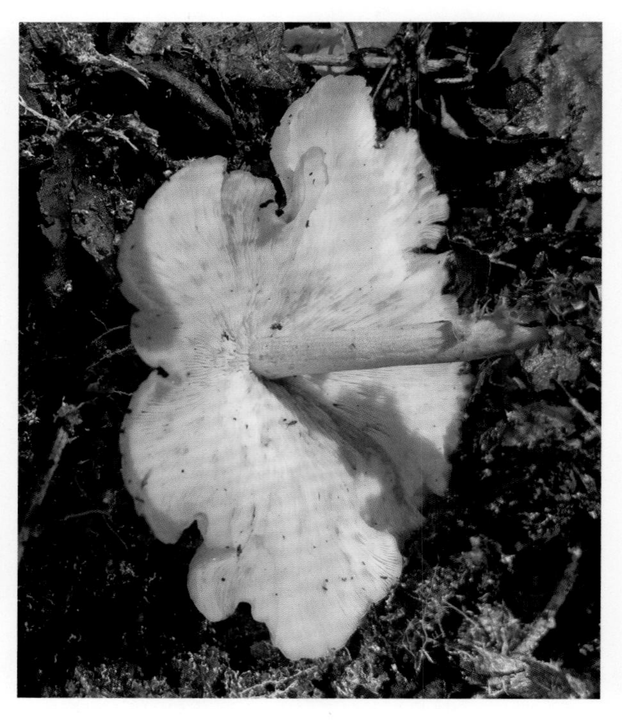

106 臭裸脚菇
Gymnopus foetidus.

【采集地点】泾源县泾隆公路边桦树林中落叶层上。

【形态特征】子实体菌盖直径 2.5—4cm，幼时半球形，后平展，表面光滑，棕褐色。菌褶离生，不等长，稍稀，灰白色。菌柄具凹扁，长 4—7cm，粗 0.3—0.6cm，表面颜色同菌盖，被白色绒毛，基部密，中空。会散发出一股非常强烈的腐烂的卷心菜气味。

【生境】夏秋季节生于阔叶林中落叶层上。群生。

【用途】食毒不明。

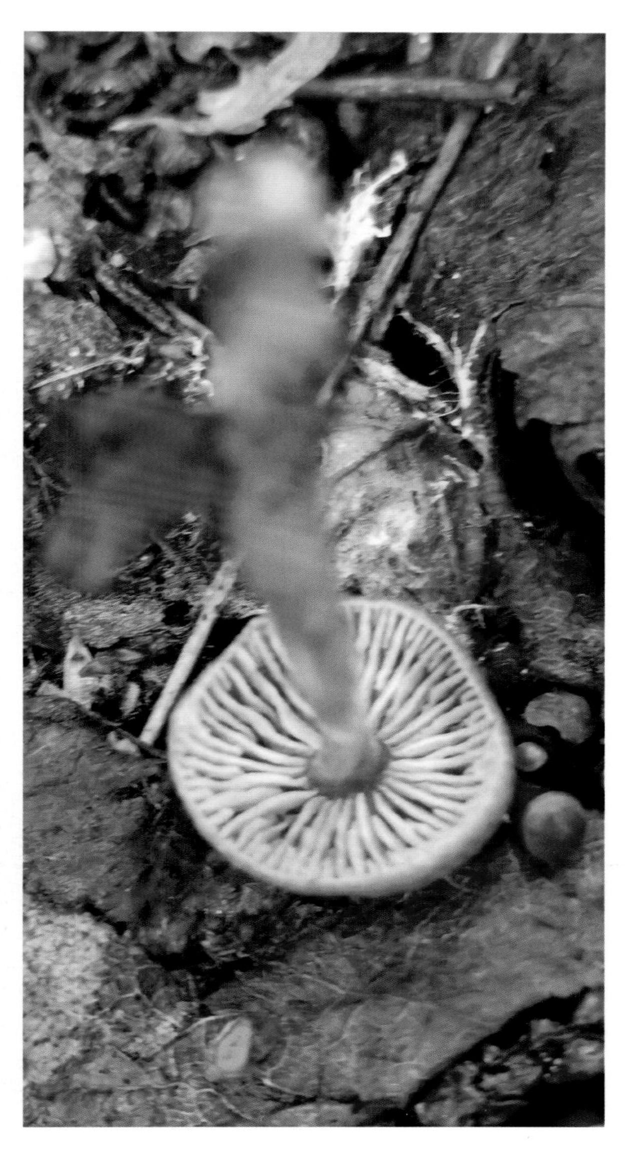

107 密褶裸脚菇近似种
Gymnopus sp.

【采集地点】宁夏六盘山国家森林公园阔叶树落叶层上。

【形态特征】子实体菌盖幼时凸镜形，后至平展，中央稍钝突，直径 3—5.5cm，表面光滑，浅黄色，中央色较深。菌肉白色，薄。菌褶直生至弯生，不等长，密，白色。菌柄圆柱形，长 4—8cm，粗 0.3—0.5cm，白色透淡酒红色，表面具纵向细条纹和白色细绒毛。孢子光滑，无色。

【生境】夏秋季节生于阔叶林或混交林中落叶层上。丛生。

【用途】有毒。

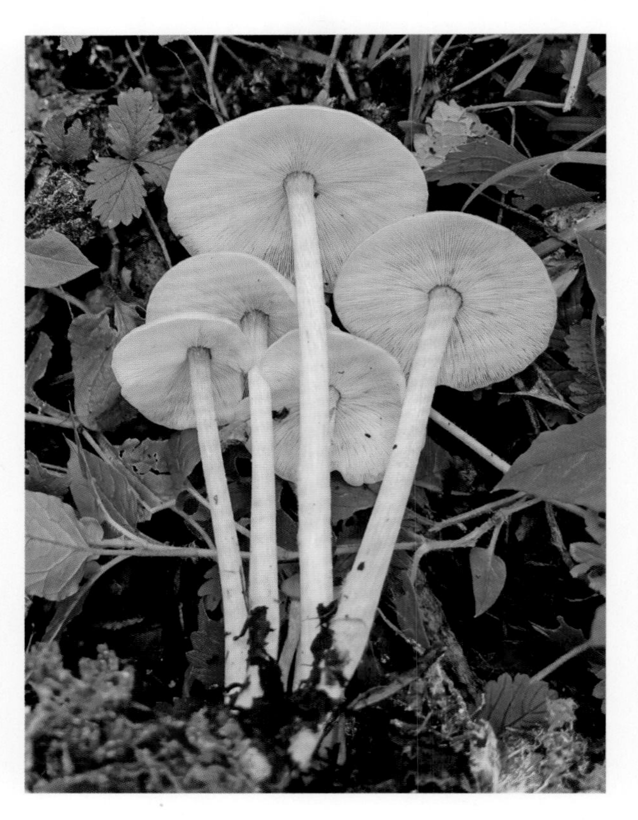

108 金黄裸脚菇

Gymnopus uosa (Bull.) Antonin & Noordel.

【采集地点】新民乡大雪山落叶松林中落叶层上面。

【形态特征】子实体菌盖凸镜形或半球形，后渐平展，直径2—4cm，表面光滑，边缘水渍状，黄白色或淡红褐色，中间颜色较深。菌肉淡黄色，伤后不变色。菌褶直生，不等长，密，浅黄色。菌柄圆柱形，长4—9cm，粗0.3—0.4cm，与盖同色，光滑。孢子椭圆形，光滑，浅黄色至无色。

【生境】夏秋季节生于针叶林或针阔混交林中落叶层上。簇生。

【用途】药用。

109 裸脚菇属种 1

Gymnopus sp.

【采集地点】泾源县黄花乡羊槽村阔叶林中落叶层上。

【形态特征】子实体较小，菌盖直径 1.5—3cm，幼时半球形，中央具钝突，颜色较深，后平展，表面光滑，橘黄色。菌肉白色。菌褶不等长，离生，密，白色。菌柄圆柱形，长 2—5cm，粗 0.3—0.5cm，往下渐粗，表面光滑，淡橘色。

【生境】夏秋季节生于阔叶林或混交林落叶层上。单生，群生。

【用途】食毒不明。

110 裸脚菇属种 2
Gymnopus sp.

【采集地点】黄花乡羊槽村阔叶林中落叶层上

【形态特征】子实体菌盖半球形，后平展，直径 2—3cm，表面光滑，橘黄色。菌褶离生，不等长，很密，幼时白色，菌盖平展后从边缘开始渐变为黄褐色。菌柄圆柱形，基部稍粗，长 3—5cm，粗 0.3—0.5cm，表面光滑，与盖同色，下部颜色较深，为橘红色，中空。

【生境】夏秋季节生于阔叶林或混交林中落叶层上。丛生。

【用途】食毒不明。

111 裸脚菇属种 3

Gymnopus sp.

【采集地点】泾源县城公园混交林中落叶层上。

【形态特征】子实体菌盖凸镜形至平展，边缘向下弯曲，中部凹陷，直径 3—7cm，表面红棕色，被细绒毛，光滑。菌肉白色。菌褶直生，不等长，密，白色，后期具黄褐色斑。菌柄中生，圆柱形，基部具绒毛状菌丝体，长 4—8cm，粗 0.5—1cm，表面具纵向沟纹，白色，中空。

【生境】夏秋季节生于阔叶林或混交林中落叶层上。群生，簇生。

【用途】食毒不明。

112 裸脚菇属种（可能新种）
Gymnopus sp.

【采集地点】泾源县城公园阔叶林中落叶层上。

【形态特征】子实体较小，菌盖直径1—2cm，幼时半球形，后稍平展，边缘内卷，表面光滑，酒红色。菌肉白色。菌褶直生至延生，不等长，稀，浅米色。菌柄上部粗，往下渐细，长3—5cm，粗0.3—0.5cm，表面光滑，酒红色，内部实，纤维质，白色。孢子卵形，光滑，无色。

【生境】夏秋季节生于阔叶林或混交林中落叶层上。群生，丛生。

【用途】食毒不明。

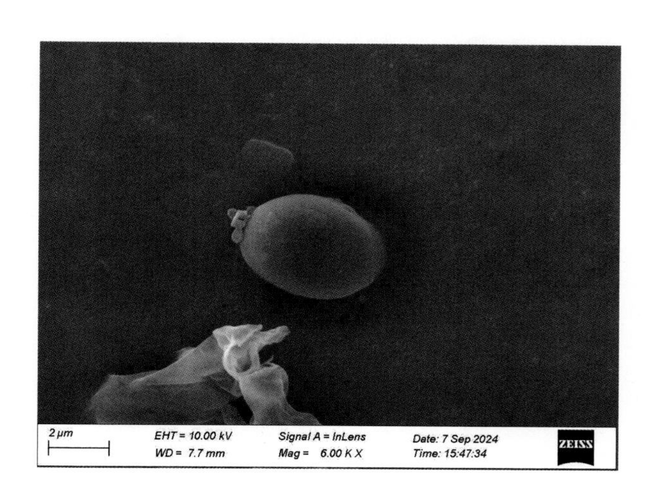

113 碱紫漏斗杯伞
Infundibulicybe alkaliviolascens.

【采集地点】泾源县泾隆公路旁桦树林中地上。

【形态特征】子实体菌盖幼时扁半球形，后逐渐平展，中部凹陷呈漏斗状，边缘波浪状，直径4.5—9cm，表面黄褐色、暗褐色至红褐色，具有微绒毛，盖缘常具放射状小棱纹。菌肉白色，较厚，近皮处带粉色调。菌褶长延生，有分叉，较密，白色。菌柄圆柱形，长3—8cm，粗0.3—1cm，与菌盖同色或稍浅，具纵向细条纹，覆纤丝状附属物，中实。孢子椭圆形，近光滑，无色。

【生境】夏秋季节生于阔叶林或混交林中地上。单生或群生。

【用途】食毒不明，慎食。

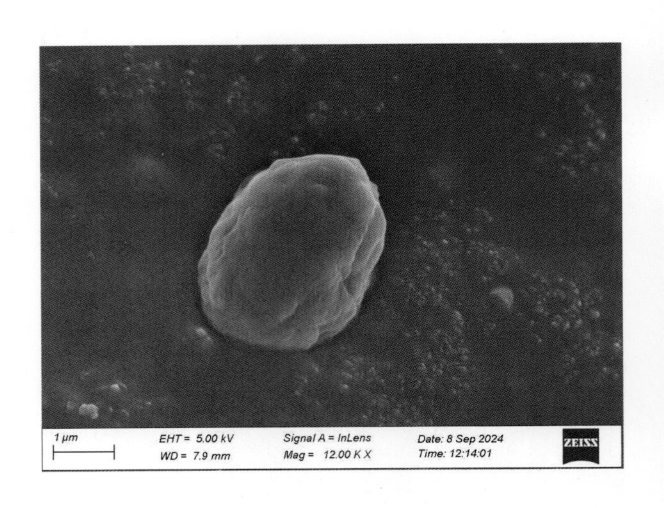

114 漏斗伞属种（可能新种 1）

Infundibulicybe sp.

【采集地点】泾源县六盘山镇福银高速公路旁松树林中地上。

【形态特征】子实体菌盖直径 5—12cm，初扁平，平展后中央下凹呈漏斗状，边缘波状，具辐射状棱纹，灰白色至淡黄褐色。菌肉白色，较厚。菌褶延生，不等长，中等密，初白色，后期淡黄色。菌柄圆柱形，长 3—7cm，粗 0.5—1cm，污白色至淡黄褐色，具鳞片，松软至中空。孢子柠檬形至近卵形。

【生境】夏秋季节生于针叶林或针叶混交林中地上。单生，群生。

【用途】食毒不明。

115 漏斗伞属种

Infundibulicybe sp .

【采集地点】泾源县六盘山镇公路旁松树林中地上。

【形态特征】子实体菌盖幼时扁平，后期中央凹陷呈漏斗状，直径 4—12cm，表面浅土黄色、浅粉褐色至棕褐色，干燥，初期具丝状绒毛，后变光滑。菌肉白色，较厚。菌褶延生，不等长，密，窄，白色至淡奶油色。菌柄圆柱形，长 3—8cm，粗 0.5—1cm，与盖同色，具纵向棱纹，内部松软，后期空心，基部有白色菌丝。孢子椭圆形，光滑，无色。

【生境】夏秋季节生于针叶林或混交林中地上。单生或群生。

【用途】食毒不明。

116 漏斗伞属种（可能新种 2）

Infundibulicybe sp.

【采集地点】宁夏六盘山国家森林公园阔叶林中地上。

【形态特征】子实体中等大，菌盖漏斗状，漏斗口宽 3—7cm，表面光滑，黄褐色，边缘波状。菌肉薄。菌褶延生，不等长，稍稀，乳白色。菌柄圆柱形，长 4—7cm，粗 0.5—0.8cm，表面光滑，具纵向纤丝条纹，黄褐色，基部具白色菌丝。

【生境】夏秋季节生于阔叶林中地上。单生，散生。

【用途】食毒不明。

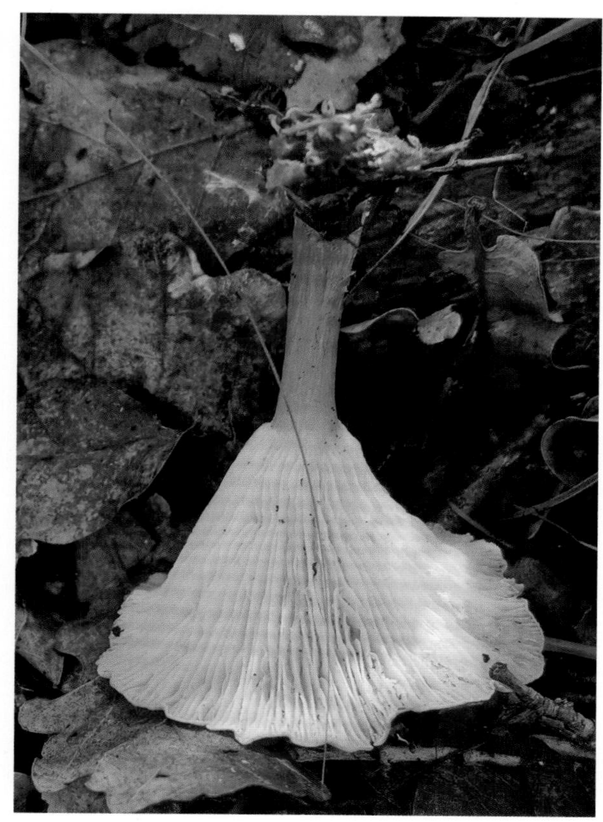

117 红金钱菌属种（可能新种 1）

Rhodocollybia sp.

【采集地点】泾源县六盘山镇松树林中地上。

【形态特征】子实体小，菌盖直径 1.5—3cm，幼时半球形，后平展，中央稍凸，表面光滑，湿时黏，金黄色。菌肉白色，菌盖表皮易撕开。菌褶延生，不等长，比较稀，有分叉，浅粉色。菌柄圆柱形，长 3—6cm，粗 0.3—0.5cm，弯曲，表面光滑，白色，基部黄绿色，内实。

【生境】夏秋季节生于针叶林中地上。单生或群生。

【用途】食毒不明。

118 红金钱菌属种（可能新种 2）

Rhodocollybia sp.

【采集地点】泾源县城公园杨树林中地上。

【形态特征】子实体菌盖直径 2—4cm，幼时半球形，表面光滑，柠檬黄色。菌肉白色。菌褶直生，不等长，密，白色。菌柄圆柱形，长 3—6cm，粗 0.8—1.2cm，表面光滑，中上部白色，靠基部柠檬黄色，内实。

【生境】夏秋季节生于阔叶林或混交林中地上。单生。

【用途】食毒不明。

119 高卢密环菌
Armillaria gallica.

【采集地点】泾源县香水镇沙南村杨树林中树桩上。

【形态特征】子实体菌盖直径 3—7cm，幼时半球形，后平展，边缘内卷，表面密黄色、浅黄褐色，老后棕褐色，具平覆或直立的鳞片，有时近光滑。菌肉密黄色。菌褶直生至弯生，不等长，稍稀，白色或稍带肉粉色，老后常现暗褐斑痕。菌柄圆柱形，长 5—10cm，粗 0.6—1.5cm，与菌盖同色，常具有纵条纹和毛状小鳞片，纤维质，内部松软至中空，基部稍膨大。菌环乳白色，上位。孢子白色或稍带黄色，光滑，椭圆形，孢子印白色。

【生境】夏秋季节生于林中地上、树桩上。群生，丛生。非寄生。

【用途】食用，但要煮熟。

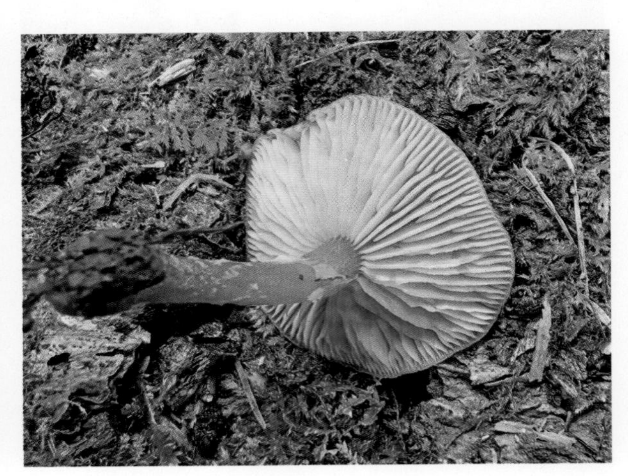

120 介黄密环菌

Armillaria sinapina.

【采集地点】宁夏六盘山国家森林公园小南川河边树上。

【形态特征】子实体菌盖直径3—7cm，扁半球形至平展，密黄色至黄褐色，表面被有褐色鳞片，黏滑，边缘色较浅具明显沟纹。菌肉白色至淡黄色，伤不变色。菌褶直生，中等密，不等长，密黄色。菌柄圆柱形，稍弯曲，长5—8cm，粗0.3—1cm，表面被深褐色鳞片。菌环上位，密黄色。孢子椭圆形，光滑，无色。

【生境】夏秋季节生于树木或腐木上。单生，散生。

【用途】食毒不明。

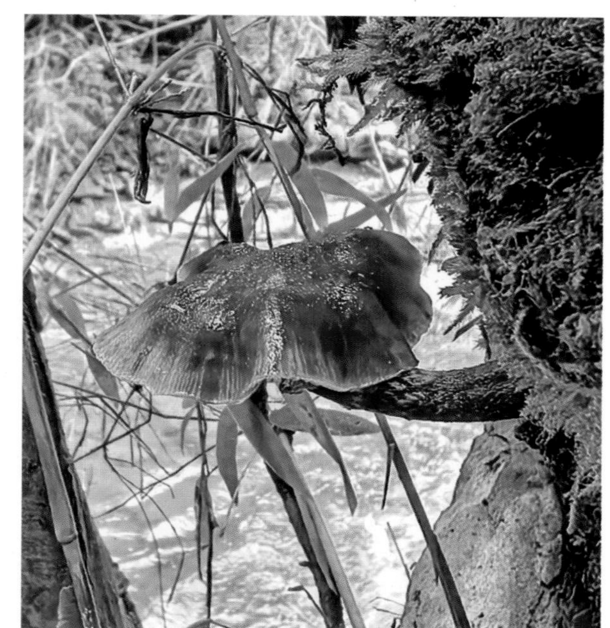

121 长根菇属种
Hymenopellis sp.

【采集地点】崆峒山阔叶林中地上。

【形态特征】子实体菌盖半球形至平展，中间微凸起，呈脐状，并有辐射状皱纹，直径 2.5—8cm，表面光滑，湿时稍黏，淡褐色、茶褐色、暗褐色。菌肉白色，薄。菌褶离生至弯生，不等长，较稀疏，白色。菌柄圆柱形，长 5—15cm，粗 0.3—1.1cm，浅褐色，近光滑，有纵条纹，常见扭转，表皮脆骨质，内部纤维质具疏松，基部稍膨大且延生成假根。孢子近卵圆形，光滑，无色。

【生境】夏秋季节生于阔叶林或混交林中地上，假根着生在地下腐木上。单生或群生。

【用途】食毒不明。

122 新粗毛革耳
Panus lecmtei.

【采集地点】泾源县黄花乡胜利村混交林中榆树枯木上。

【形态特征】子实体菌盖直径2.5—9cm，中部下凹或漏斗形，初浅土黄色，后茶色至锈褐色，革质，有粗毛。菌褶白色、锈褐色、浅奶油色，干后浅土黄色，稠密，延生。菌柄偏生或侧生，短，内实，长0.5—2cm，粗0.3—1cm，与盖同色，也被粗毛。孢子近卵形，光滑，无色。

【生境】夏秋季节生于杨、柳、榆、桦等阔叶树的倒木上。单生、群生或丛生。

【用途】幼时可食，可制作调味品。药用，对肿瘤有抑制作用。木腐菌，能造成木材白色海绵状腐朽。

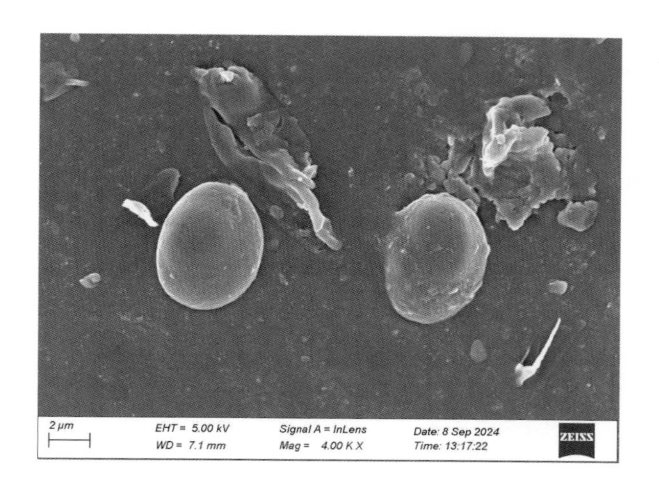

123 紫革耳
Panus torulosus (Pers.) Fr.

【采集地点】泾源县黄花乡羊槽村榆树枯木上。

【形态特征】子实体菌盖直径3—13cm，从生，半肉质至革质，形态多变，自漏斗状至圆形，菌柄偏生，或扇形，菌柄侧生，初期有细绒毛或小鳞片，后期变光滑并具有不明显的辐射状条纹，紫红色至紫灰色；边缘内卷，往往呈波浪状。菌肉近白色，稍厚。菌褶延生，窄，稍密至较稀，白色至淡紫色。菌柄长1—4cm，偏生至侧生，内实，质韧，有淡紫色至淡灰色绒毛。

【生境】夏季生于阔叶树的枯树或倒木上。

【用途】幼时可食，成熟后药用，是山西“舒筋丸”的原料药之一。对某些肿瘤抑制率高。

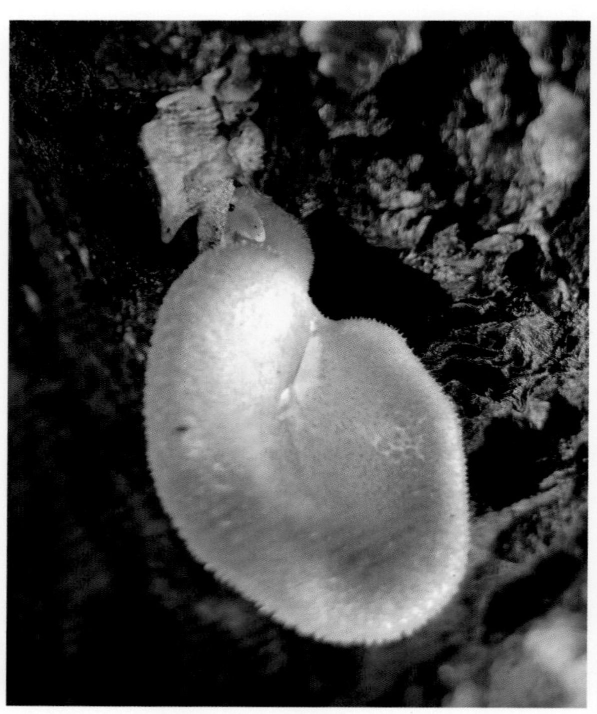

124 棕灰光柄菇

Pluteus cinereofuscus.

【采集地点】泾源县黄花乡胜利村混交林中地上。

【形态特征】子实体小型，菌盖直径2—4cm，幼时半球形，后平展，表面被灰色绒毛，具放射状条纹。菌肉白色，薄。菌褶弯生，不等长，稀，粉红色。菌柄圆柱形，长2—5cm，粗0.3—0.7cm，表面近光滑，污白色，内部松软至中空。

【生境】夏秋季节生于树林中地上。散生，群生。

【用途】食毒不明。

125 鼠灰光柄菇
Pluteus ephebeus.

【采集地点】泾源县城公园草地上。

【形态特征】子实体中等大，菌盖直径 3—6cm，幼时半球形，后平展，中央钝突起，表面被鼠灰色鳞片，中央突起处颜色较深。菌肉白色。菌褶离生，不等长，较密，白色。菌柄圆柱形，长 3—8cm，粗 0.4—0.8cm，往基部渐粗，表面光滑，白色，具纵向条纹。

【生境】夏秋季节生于树林中草地上。单生，散生。

【用途】食毒不明。

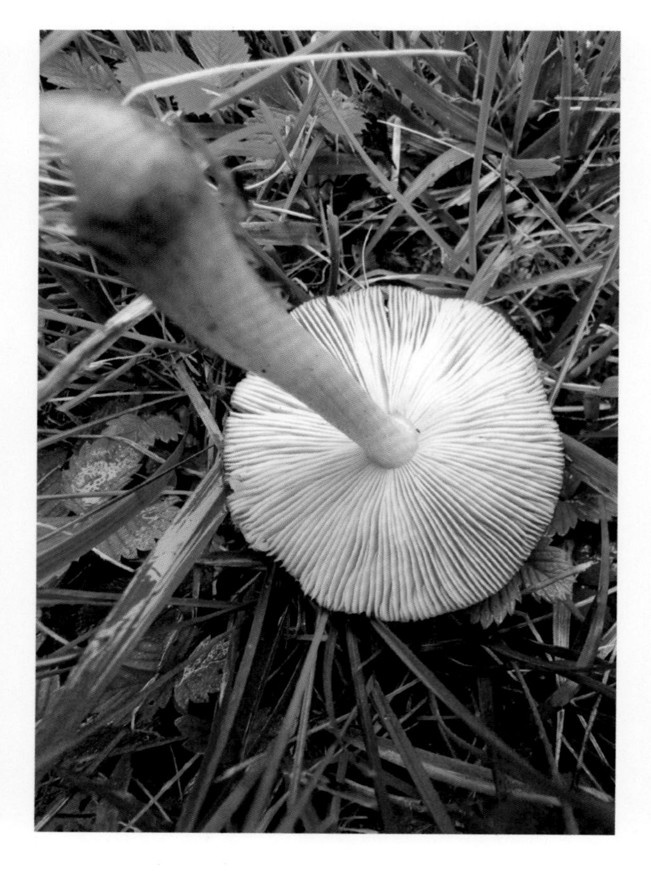

126 黏盖包脚菇
Volvopluteus gloiocephalus.

【采集地点】泾源县黄花乡胜利村槐树林中地上。

【形态特征】子实体幼小时为白色鸭蛋形，外包菌膜，后菌柄伸长，菌盖初为钟形，后平展，中部突起，直径6—13cm，表面光滑，黏，白色至浅粉色。菌肉白色。菌褶离生，不等长，稍密，乳白色、粉色至肉桂色。菌柄圆柱形，长7—17cm，粗1—1.5cm，向基部逐渐膨大，白色，内部松软至空心。菌托白色，袋状。孢子椭圆形，具疣突，淡粉红色。

【生境】春—秋季生于榆、槐树等阔叶林中地上。单生，群生或簇生。

【用途】有毒。

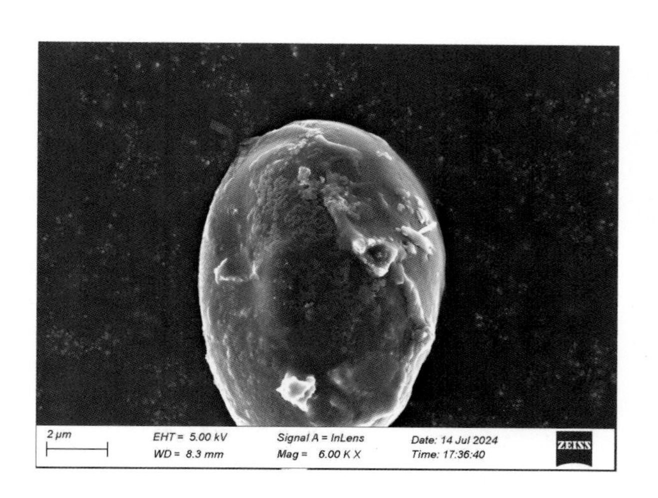

127 林白草菇

Volvariella speciosa (Fr.:Fr.) Sing.

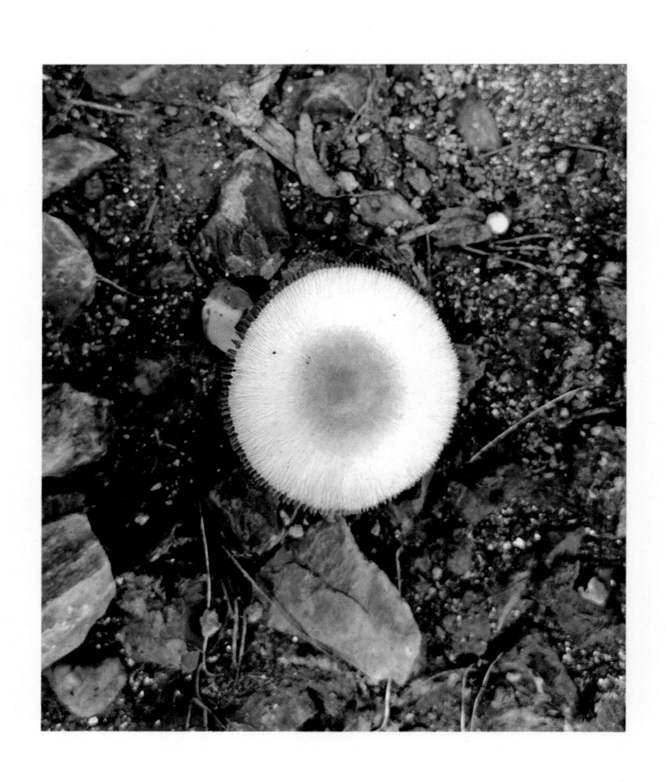

【采集地点】泾源县黄花乡羊槽村温室大棚内地上。

【形态特征】子实体菌盖幼时钟形，后平展，直径3—10cm，中央稍凸起，表面光滑，湿时黏，幼时全部浅灰色，成熟时中央灰色，向边缘渐浅至白色，有时全部白色，中央厚，边缘薄。菌褶离生，不等长，稍密，初白色，渐粉红色，最后红褐色。菌柄圆柱形，长5—10cm，粗0.4—0.7cm，上细下粗，基部膨大，表面白色，光滑，实心，内部纤维质。菌托杯状，灰色。孢子近卵形，光滑，浅红褐色。

【生境】夏秋季节生于阔叶林中地上、草地上或垃圾堆。

【用途】有毒。

128 墨汁拟鬼伞

Coprinopsis atramentaria (Rull)Redhead et al.

【采集地点】泾源县城边公园林中腐木上。

【形态特征】子实体菌盖直径 4—8cm，卵圆形—钟形—圆锥形，后平展至斗笠形，灰白色、灰色、灰褐色、烟灰色，肉质。初期菌盖表面光滑，后裂成毛状小鳞片，并具有辐射状褶纹，边缘花瓣状，反卷，撕裂。菌肉初白色、污褐色，后变成墨褐色至墨汁。菌褶初白色至污褐色，稠密，不等长，离生，后期液化为墨汁状。菌柄圆柱形，中生，长 6—8cm，粗 0.4—0.9cm，白色至白褐色，具绒毛小鳞片，具纵向条纹，脆骨质、纤维质，空心，基部有菌环痕迹。孢子椭圆形，黑褐色。

【生境】春—秋季生于有腐木的地方。丛生。

【用途】有毒。

129 费赖斯拟鬼伞
Coprinopsis friesii (Quél.) P. Karst.

【采集地点】泾源县野荷谷林缘草地上。

【形态特征】子实体菌盖直径 0.3—1.5cm，幼时圆锥形、卵圆形至椭圆形，表面白色，具絮状小鳞片，中央呈赭色。菌肉灰白色，很薄。菌褶离生，不等长，稍密，幼时白色，后渐变为灰色至黑色。菌柄圆柱形，长 3—8cm，粗 0.3—0.6cm，表面白色至灰白色，具稀疏的絮状小鳞片，光滑，中空，有时基部呈棒状。孢子卵圆形至长菱形且顶端圆，光滑，灰褐色至暗红褐色，具有明显的芽孔。

【生境】春至秋季生于草地上。单生，群生。

【用途】食毒不明。

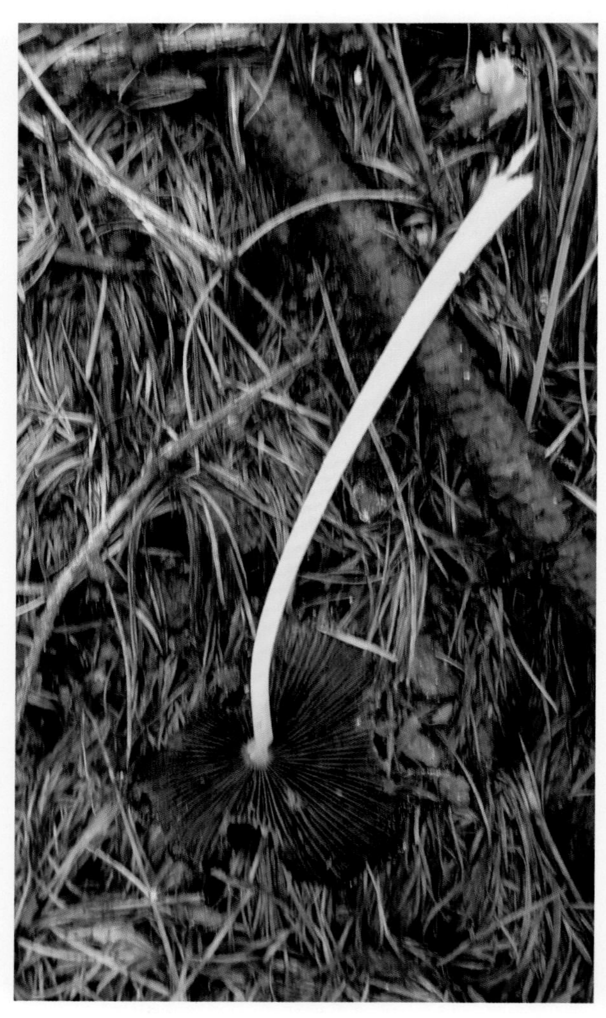

130 白绒拟鬼伞
Coprinopsis lagopus.

【采集地点】宁夏六盘山国家森林公园阔叶林中地上。

【形态特征】子实体较小，菌盖直径2—3cm，卵形至钟形，边缘常反卷呈钵盂状，表面具放射状沟纹，幼时白色，成熟后黑色。菌褶直生，稍密，不等长，初期白色，成熟后近黑色。菌柄圆柱形，纤细，长7—14cm，粗0.3—0.5cm，表面光滑，白色，中空。孢子椭圆形，光滑，近黑色。

【生境】夏秋季节生于阔叶林中地上。单生，散生。

【用途】食毒不明。

131 家园小鬼伞
Coprinellus domesticus.

【采集地点】泾源县黄花乡胜利村混交林中地上。

【形态特征】子实体菌盖幼时钟形，后平展，中部具突，表面黄色至黄褐色，有纵向到中部的细条沟纹，被白色霜状绒毛样鳞片。菌褶离生，不等长，密，白色—淡黄色—黑色，老时与菌盖同时自溶为墨汁状。菌柄圆柱形，长3—5cm，粗0.3—0.4cm，白色，光滑。孢子黑褐色，光滑，近球形，顶端有芽孔。

【生境】春—秋季生于阔叶树或针阔混交林中地上。群生或丛生。

【用途】食毒不明。

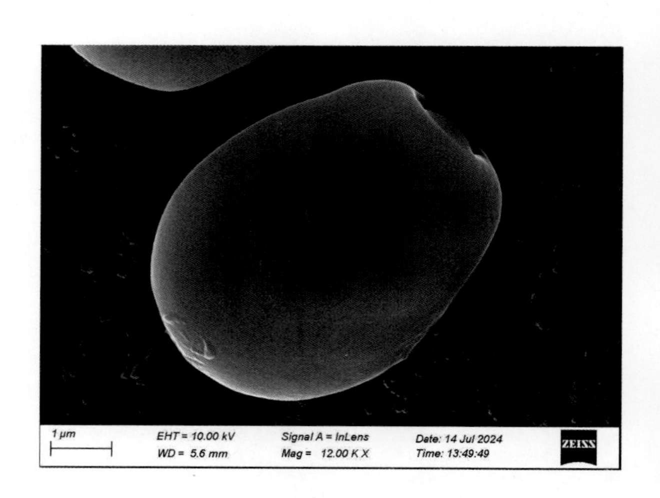

132 白小鬼伞（白假鬼伞）

Coprinellus disseminates (Pers.)J.E.Lange.

【采集地点】泾源县香水镇沙南村杨树林中地上。

【形态特征】子实体群生、丛生，纤细，个小，菌盖直径 1cm 左右，膜质，初卵形、钟形，后稍平展。表面灰白色或白色至灰褐色，被白色至褐色颗粒状、絮状鳞片，具长条纹。菌肉近白色，薄。菌褶初白色，渐灰色，老熟时黑色，较稀，不液化。菌柄中生，长 2—3cm，粗 1—2mm，白色至灰白色，中空，基部有白色绒毛，无菌环。孢子椭圆形，黑褐色，光滑。

【生境】夏秋季节生于林中草地上、腐朽的倒木和树桩上。

【用途】食毒不明。林中分解菌。

133 庭院小鬼伞
Coprinellus xanthothrix (Romagn.) Vilgalys.

【采集地点】泾源县城边公园腐木上。

【形态特征】子实体小型，菌盖直径 0.9—2.5cm，幼时卵圆形至钟形，后展开，表面褐色、浅棕灰色，中央近栗色，被白色粒状鳞片，具辐射状条纹。菌肉白色，很薄。菌褶直生，不等长，稍密，初期白色，后变黑褐色，成熟后自溶。菌柄圆柱形，纤细，长 3—8cm，粗 0.1—0.3cm，白色，表面光滑，中空，骨脆质。孢子宽椭圆形，光滑，黑褐色。

【生境】春至秋季生于林中地上、腐木上。单生或群生。

【用途】食毒不明。

134 黄盖小脆柄菇

Candolleomyces candolleanus.

【采集地点】泾源县香水镇沙南村河边杨树林中地上。

【形态特征】菌盖 2—6.5cm，幼时圆锥形，渐变为钟形，成熟后平展，黄白色、淡黄色至浅褐色，中间颜色比边缘深。菌盖边缘具隐条纹，初期边缘悬挂菌幕残片。菌褶密，直生，淡褐色至深紫褐色，不等长。菌柄长 3—7cm，粗 3—5mm，圆柱形，基部略膨大，白色，成熟时空心。孢子椭圆形，光滑，暗褐色。

【生境】夏秋季节群生或丛生于树林中地上。

【用途】有毒，有人食后引起神经精神型中毒。

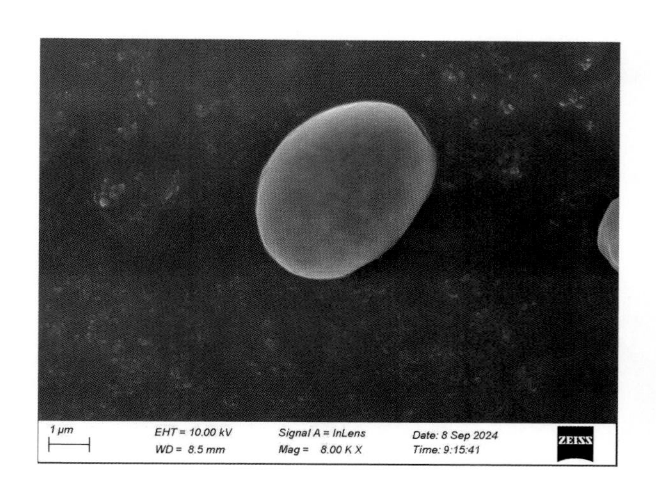

135 草地小脆柄菇
Psathyrella campestrtris (Earl.) Smith .

【采集地点】泾源县卧龙山公园林中草地上。

【形态特征】子实体菌盖幼时呈钟形，后呈扁半球形至近平展，直径3—6cm，表面黄褐色至灰褐色，中央稍凸起，黄褐色，表面干，似有绒毛，边缘有细条棱纹。菌肉灰白色，无明显气味。菌褶直生，不等长，密，灰褐色至黑褐色。菌柄圆柱形，长5—12cm，粗0.4—0.5cm，白色，表面具纤毛，质脆，中空。

【生境】夏秋季节生于阔叶林中地上。群生或簇生。

【用途】有毒。

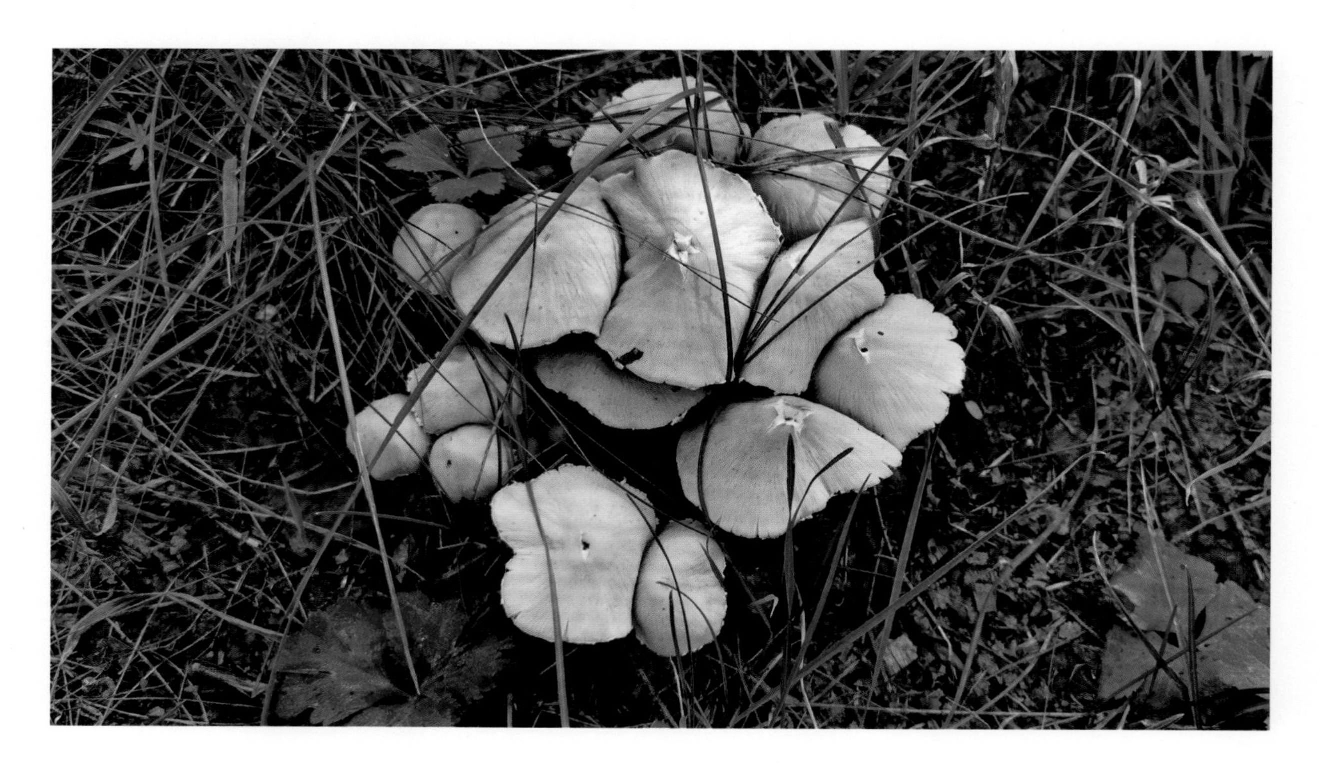

136 白黄小脆柄菇
Psathyrella candolleana.

【采集地点】泾源县卧龙山公园树林中草地上。

【形态特征】子实体菌盖幼时呈钟形，后平展呈伞形，直径3—5cm，初期表面黄褐色，干后褪为污白色，幼时表面具白色小鳞片，后光滑；具隐条纹或干时有皱；盖缘垂生并有白色菌幕残片，后脱落。菌肉白色，味温和。菌褶直生，不等长，较密，初期污白色，后变为锈褐色至黑灰色。菌柄圆柱形，长3—8cm，粗0.2—0.7cm，白色，基部有时略膨大，质脆易断，表面具条纹或纤毛，中空。

【生境】夏秋季节生于林中地上，偶见于腐木上。群生，丛生。

【用途】可食用。

137 棉小脆柄菇
Psathyrylla cotonea (Quël.) Konrad & Maubl.

【采集地点】泾源县香水镇沙南村河边杨树林中地上。

【形态特征】子实体较小，菌盖初为钟形、半球形，后逐渐平展，直径1—3cm，幼时黄色至浅棕色，成熟时深棕色，水渍状，表面被绒毛状黄褐色鳞片。菌肉浅棕色。菌褶直生，密，不等长。菌柄圆柱形，长1.5—3cm，白色，质脆，中空。

【生境】夏秋季节群生或丛生于阔叶林中地上。

【用途】食毒未明。

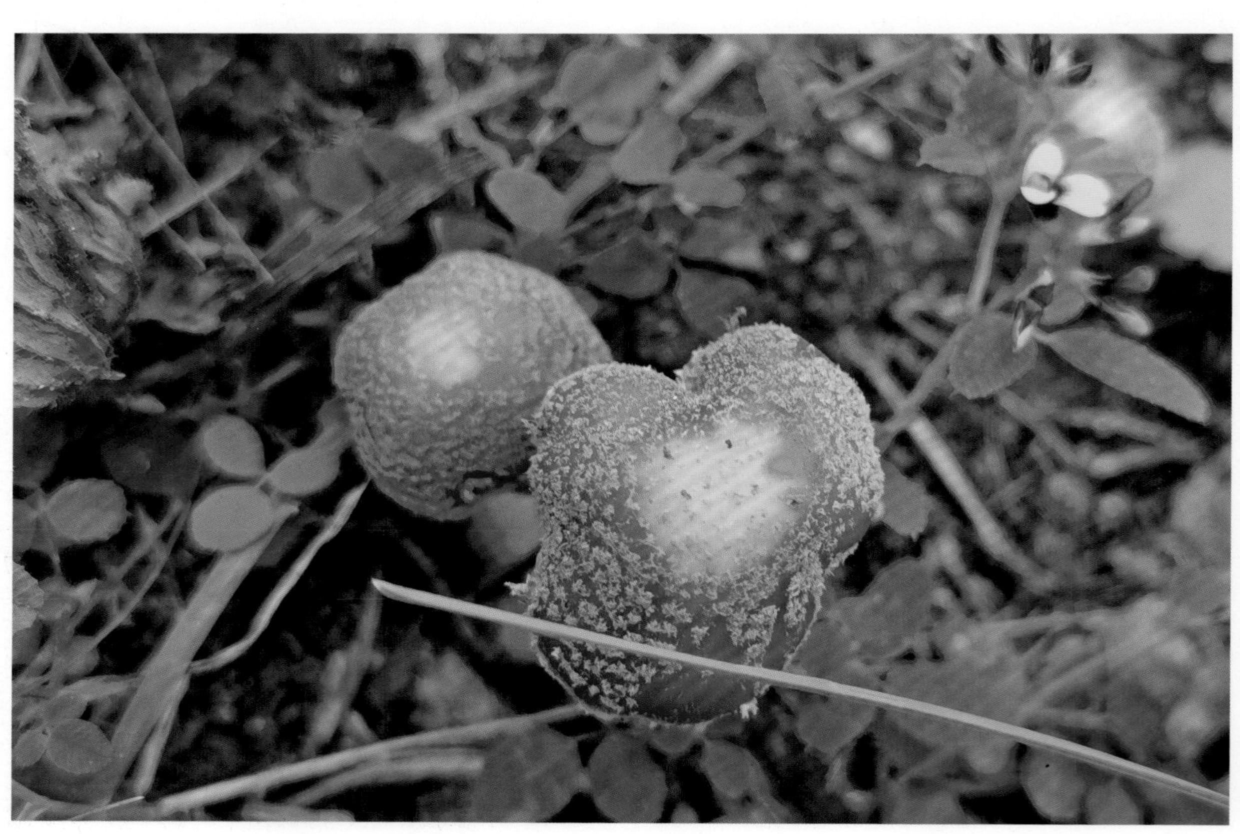

138 花盖小脆柄菇
Psathyrella multipedata (Imai) Hongo.

【采集地点】泾源县六盘山镇福银高速路旁草地上。

【形态特征】子实体菌盖幼时锥形，后平展，直径3—7cm，表面光滑，呈紫褐色，边缘浅裂成锯齿状且具细条纹。菌肉粉紫色。菌褶直生至弯生，不等长，密，与盖同色。菌柄圆柱形，长7—12cm，粗0.2—0.5cm，稍弯曲，基部稍粗，白色，表面具纤丝状鳞片，中空。

【生境】夏秋季节生于阔叶林中地上。散生，群生。

【用途】食毒不明。

139 赤褐小脆柄菇
Psathyrella rubiginosa A .H . Smith.

【采集地点】宁夏六盘山国家森林公园阔叶林中地上。

【形态特征】子实体菌盖初为斗笠形，后平展，直径3—7cm，表面湿，不黏，黄褐色，被白色绒毛，边缘撕裂状，具尖垂的菌幕残留。菌肉白色，受伤后不变色。菌褶直生，不等长，具分叉，密，粉褐色。菌柄圆柱形，长3—5cm，粗0.2—0.3cm，白色至淡褐色，被绒毛，中空，脆骨质。

【生境】夏秋季节生于阔叶林中地上。群生或丛生。

【用途】食毒不明。

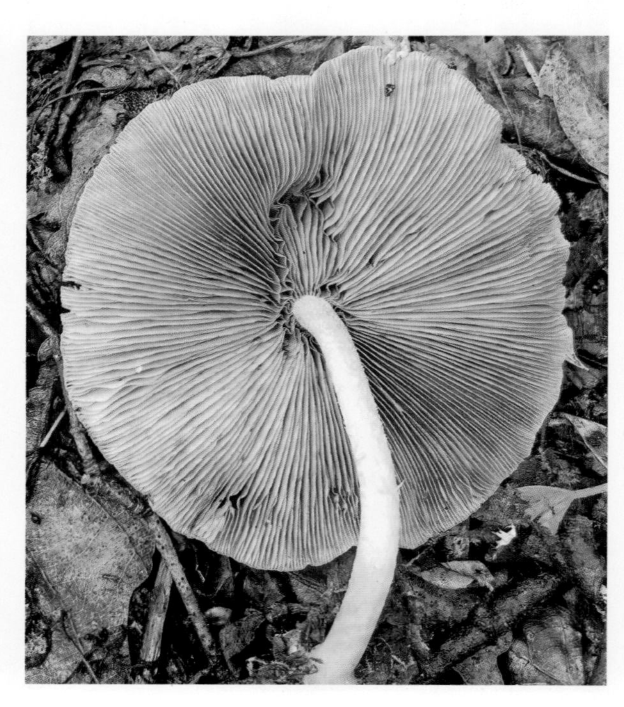

140 白须瑚菌

Pterula multifida (Chevall.) Fr.

【采集地点】泾源县六盘山镇刘沟村松树林中地上。

【形态特征】子实体高 3—6cm，宽 3—7cm，从基部开始多次分枝，丛形扫帚状，初为淡黄色，后象牙白色、黄色至黄褐色。分枝直径 0.3—1mm，能够再生不规则分枝，分枝圆柱形，纤细，顶端尖锐。菌肉软骨质。

【生境】夏秋季节生长在针叶林或混交林的枯叶地上。

【用途】食毒不明。

141 胡椒斜盖伞
Clitopilus piperatus.

【采集地点】泾源县卧龙山公园空旷草地上和六盘山镇松树林中地上。

【形态特征】子实体菌盖直径 3—9cm，幼时扁半球形，后渐平展，中部稍下凹呈浅盘状，似有细粉末至平滑，部分有条纹，湿时黏，边缘波状内卷，表面白色、污白色。菌肉白色。菌褶延生，不等长，稍密，白色至粉红色。菌柄圆柱形，常偏生，具有纵向条纹，长 3—8cm，粗 0.8—1.3cm，白色至污白色，松软至空心。孢子椭圆形，具疣突。孢子印肉色。

【生境】春夏秋季节生于树林边缘草地上。散生或群生。

【用途】食毒不明。

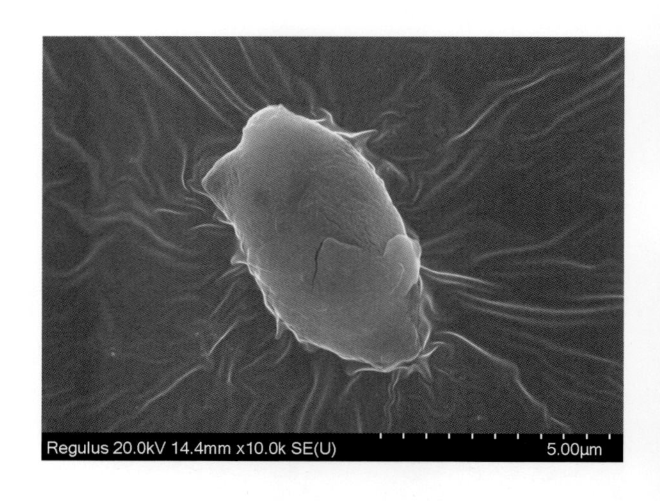

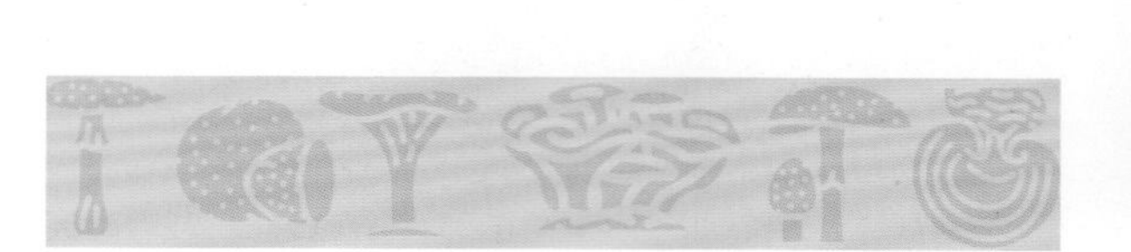

142 漏斗斜盖伞
Clitopilus prunulus (Scop.:Fr.) Kummer.

【采集地点】泾源县卧龙山公园树林中草地上。

【形态特征】子实体菌盖幼时半球形，后平展，中部下凹呈浅盘状至浅杯状，表面似有细粉末至平滑，有细条纹，湿时黏，边缘波状或花瓣状。菌肉白色，边缘薄。菌褶延生，不等长，稍密，白色至粉红色，边缘近波状。菌柄圆柱形，稍偏生，白色至污白色，光滑，长 3—6cm，粗 0.4—1cm，弯曲，内部实心至松软。孢子印白色。

【生境】春—秋季生于林缘草地或坡地上。散生或群生。

【用途】食用。

143 海南粉褶蕈

Rhodophyllus hainanense T.H. Li & Xiao Lan He =Entoloma hainanense T.H. Li & Xiao Lan He.

【采集地点】宁夏六盘山国家森林公园阔叶林中地上。

【形态特征】菌盖直径5—8cm，幼时半球形，后伸展呈凸镜形，中间稍突起，被细微绒毛，具不规则皱纹，不黏，边缘无条纹或不明显，鼠灰色、淡鼠灰色和灰褐色，带紫色调。菌肉白色，气味不明显。菌褶近弯生，宽达4—4.5mm，略厚，较密，不等长，具2行小菌褶，浅黄色，成熟时带粉红色。菌柄近棒形，长8.5—10cm，粗0.6—1cm，实心，白色，基部具白色菌丝体，表面具丝质纵向细微条纹。

【生境】夏秋季节生于阔叶林中地上。丛生或簇生。

【用途】食毒不明。

144 霜白粉褶菌

Rhodophyllus prunuloides (Fr.) Quél.

【采集地点】宁夏六盘山国家森林公园大门外云杉林中草地上。

【形态特征】子实体菌盖直径 5—9cm，中等大，初期圆锥形、钟形，后平展，表面光滑，有绢光泽，表面初为白色，后呈黄褐色。菌肉中部厚，白色。菌褶直生至弯生，不等长，稍稀，初为粉白色，后变为粉褐色。菌柄圆柱形，长 5—8cm，粗 0.8—1.2cm，基部较粗，具白色绒毛，表面白色，具细毛状鳞片，内部填充或中空。

【生境】夏秋季节生于云杉、冷杉林或针阔混交林中草地上。单生，散生。

【用途】食毒不明。

145 丝状粉褶蕈

Rhodophyllus sericeoides = Entoloma sericeoides.

【采集地点】泾源县城郊瓦窑坡混交林中地上。

【形态特征】子实体菌盖中凹，表面具辐射状裂纹，表面光滑，呈蜡质光泽，茶褐色。菌褶弯生，不等长，中等密，粉黄褐色。菌柄圆柱形，长 8—13cm，粗 0.7—1cm，光滑，同盖色，中空。

【生境】夏秋季节生于林中草地上。

【用途】食毒不明。

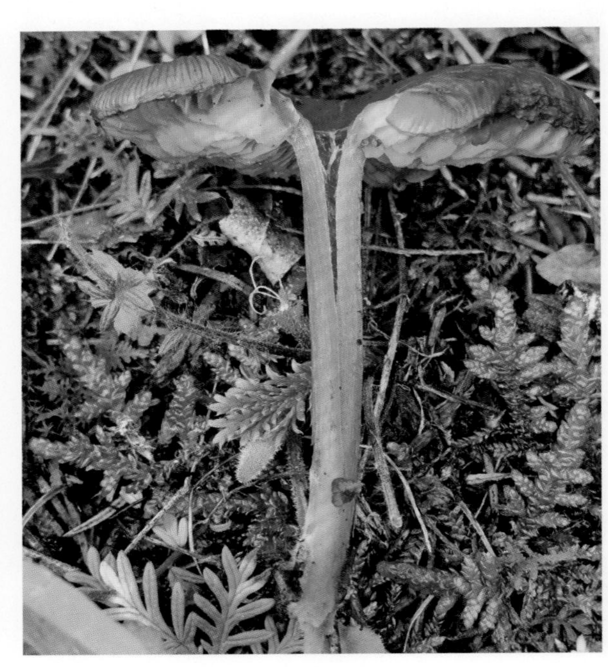

146 锥盖粉褶菌

Rhodophyllus turbidus (Fr.) Quél.

【采集地点】宁夏六盘山国家森林公园下南川阔叶林中地上。

【形态特征】子实体菌盖直径4—7cm，较小至中等大，幼时呈圆锥形至钟形，后平展，中部稍圆凸，表面灰白色、黄褐色、暗褐色，光滑或具隐条纹。菌肉灰白色，薄。菌褶直生至弯生，不等长，密，初期灰白色，后变为棕褐色。菌柄圆柱形，长5—9cm，粗0.5—1cm，表面光滑，与盖同色，内部实至松软。

【生境】夏秋季节生于桦树、榆树等阔叶林或混交林中地上。单生，散生。

【用途】食毒不明。

147 裂褶菌
Schizophyllum cmmune Fr.

【采集地点】泾源县黄花乡胜利村榆树倒木上。

【形态特征】子实体菌盖直径0.5—4cm，扇形，表面被绒毛或粗毛，白色至黄褐色，边缘常内卷，呈瓣状。菌肉薄，白色。菌褶窄，白色、灰白色、黄棕色至深灰色，不等长。菌柄无或较短。孢子印白色。

【生境】夏秋季节生于阔叶林或混交林中倒木上。散生、群生或叠生。

【用途】食用，药用。

148 硬田头菇
Agrocybe dura.

【采集地点】泾源县黄花乡胜利村大棚内地上。

【形态特征】子实体小—中，菌盖幼时扁半球形，后平展，直径 3—6cm，表面光滑，白色、象牙色至淡黄色。菌肉较厚，白色，稍韧。菌褶弯生，不等长，中等密，幼时污白色，成熟后变黄褐色，褶缘白色。菌环上位，薄，膜质，易脱落。菌柄圆柱形，基部略粗，长 6—9cm，粗 0.7—1.2cm，黄褐色，表面具纵向纤丝状条纹，中空。孢子椭圆形，光滑，褐色。

【生境】春季—秋季生于林中或田野地上。单生，散生。

【用途】食毒不明。

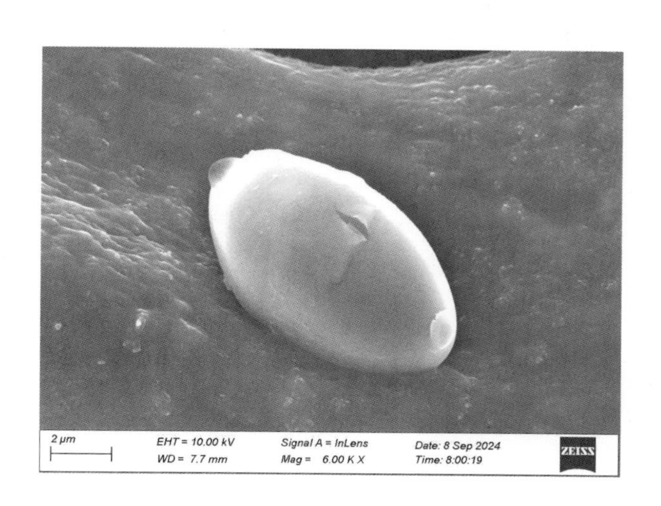

149 平田头菇
Agrocybe pediades.

【采集地点】泾源县城公园草地上。

【形态特征】子实体初期半球形，后平展，菌盖直径 1—3cm，中间钝突，表面土黄色至褐红色，光滑，中部颜色较深，湿润时稍黏。菌肉薄，浅土黄色。菌褶直生或弯生，稍稀，幼时淡黄褐色，成熟后褐色。菌柄圆柱形，中生，基部稍膨大，长 3—8cm，粗 0.2—0.5cm，被纤毛状鳞片，与菌盖同色，可见扭曲状，初实心后中空。菌环纤丝状，易消失。担孢子椭圆形，深褐色，光滑。

【生境】春季至秋季生于草地上。散生或群生。

【用途】可食，但易与某些有毒菇混淆，慎采食。

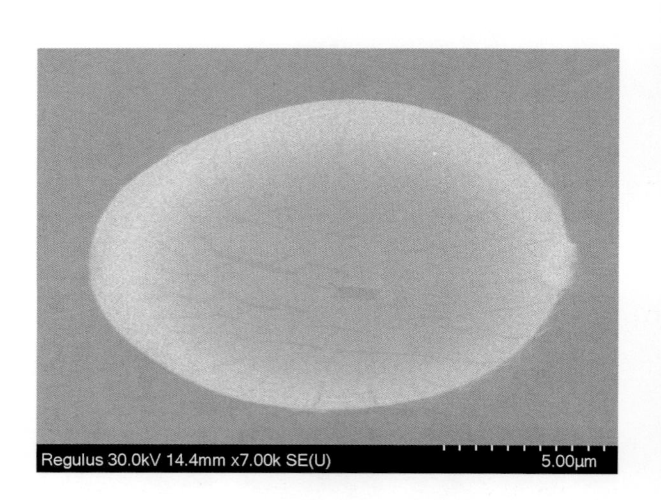

150 田头菇

Agrocybe praecox.

【采集地点】泾源县城公园草地上。

【形态特征】子实体菌盖初期圆锥形，后期至扁平状中间具突起，表面水渍状，湿时淡黄褐色、淡褐灰色，黏，光滑，或具皱纹龟裂，幼时有菌幕残片；边缘幼时内卷，后平展。菌肉白色至淡黄色。菌褶直生至弯生，较密，不等长，初期浅褐色，后深褐色。菌柄长3.5—10cm，粗0.3—1.3cm，白色、淡黄褐色至黄褐色，基部稍膨大并具白色菌索，表面具白色鳞片。菌环上位，膜质，白色至黄褐色，易脱落。担孢子密黄色，光滑。

【生境】春夏季节生于稀疏的林地、田野、草地。散生或群生。

【用途】可食。

151 毛柄库恩菇
Kuehneromyces mutabilis.

【采集地点】泾源县野荷谷桦树林中树桩上。

【形态特征】子实体丛生，菌盖直径2—6cm，扁半球形、凸出形，后平展，光滑，湿时呈半透明状，肉桂色，干后深蛋壳色，边缘湿时可见明显条纹。菌肉白色或带褐色。菌褶直生或稍下延，稍密，薄，宽，初期近白色，后呈锈褐色。菌柄长3—9cm，粗0.4—0.8cm，上下等粗，色似菌盖，菌环上部色较浅，下部颜色较深，内部松软，后中空。菌环下部有鳞片。菌环膜质，上位，与柄同色，易脱落。孢子淡褐色。

【生境】夏秋季节生于阔叶树倒木或树桩上。

【用途】食用，已有人工栽培。

152 多脂鳞伞
Pholiota adipose.

【采集地点】泾源县城公园榆树枯树节上。

【形态特征】菌盖直径4—10cm，初期扁半球形，边缘内卷，常挂有菌幕残片，后平展，湿时胶黏，干后有光泽，表面平伏鳞片，覆有一层透明黏液，柠檬黄色、谷黄色或黄褐色。菌肉厚，致密，白色至淡黄色。菌褶弯生至直生，稍密，黄褐色至粉黄色。菌柄中生，下部稍弯曲，长3—8cm，粗0.6—1.5cm，近等粗，表面黏，与菌盖同色，内实，纤维质，表面被反卷纤毛状鳞片。菌环淡黄色，上位，易脱落。

【生境】夏秋季节生于阔叶树倒木或立木上。

【用途】食用，药用。

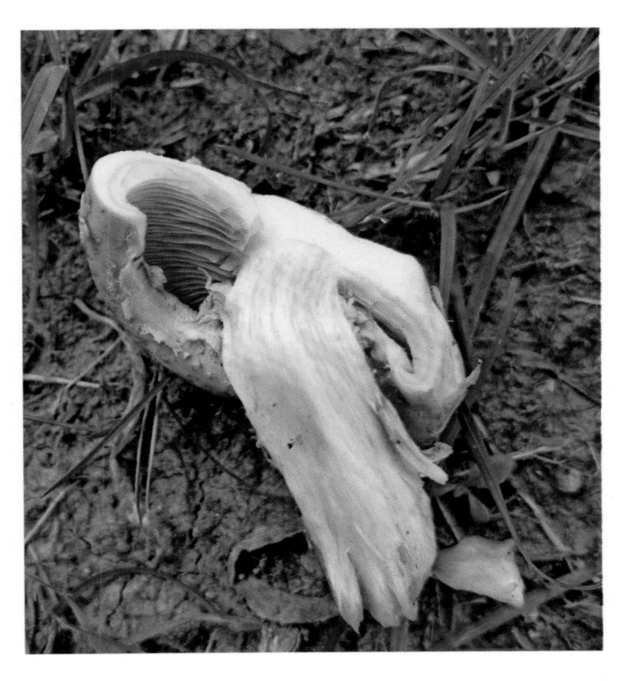

153 杨鳞伞（白鳞伞）
Pholiota destruens (Brond) Gillet.

【采集地点】泾源县香水镇沙南村河边枯死的杨树上。

【形态特征】子实体菌盖幼时半球形，后平展，湿时黏，直径6—16cm，灰白色、白色、浅褐色、赭色。具白色鳞片，后期易脱落，边缘内卷，后期展开。菌肉厚，质地致密，白色。菌褶弯生至直生，不等长，稍密，白色—肉桂色—咖啡色。菌柄圆柱形，长5—9cm，粗1.5—2.5cm，中生至扁生，向上渐细，菌柄膨大。菌环上位，白色，易脱落。孢子椭圆形，顶端平截，光滑，锈黄色。

【生境】夏秋季节阔叶树树干或基部。单生或群生。

【用途】食用。

154 柠檬鳞伞
Pholiota limonella.

【采集地点】泾源县黄花乡胜利村榆树活立木枯节上。

【形态特征】菌盖直径4—9cm，初期扁半球形，后平展，边缘具鳞片，湿时胶黏，表面光滑，柠檬黄色或黄褐色。菌肉白色至淡黄色。菌褶弯生至直生，不等长，稍密，浅粉紫色。菌柄中生，下部稍弯曲，长4—8cm，粗0.5—1.5，近等粗，表面黏，与菌盖同色，中空，表面覆污白色纤毛状鳞片。孢子椭圆形，顶端稍平截，有芽孔，光滑，黄褐色。

【生境】夏秋季节生于阔叶林中倒木或立木上。

【用途】食毒未明。

155 球盖菇属种
Stropharia sp.

【采集地点】泾源县生态观光园草地上。

【形态特征】子实体中等大，菌盖黄褐色，直径 3—7cm，初期呈半球形，边缘内卷，后渐平展，稍有黏性，无条纹。菌肉污白色，中部较厚，边缘薄。菌褶初为灰白色，后变粉紫色，离生至弯生，不等长，中等密。菌柄圆柱形，色较盖浅，具浅褐色鳞片。菌环膜质，白色，位于菌柄上部。

【生境】夏秋季生于草地上。

【用途】食毒不明，慎食。

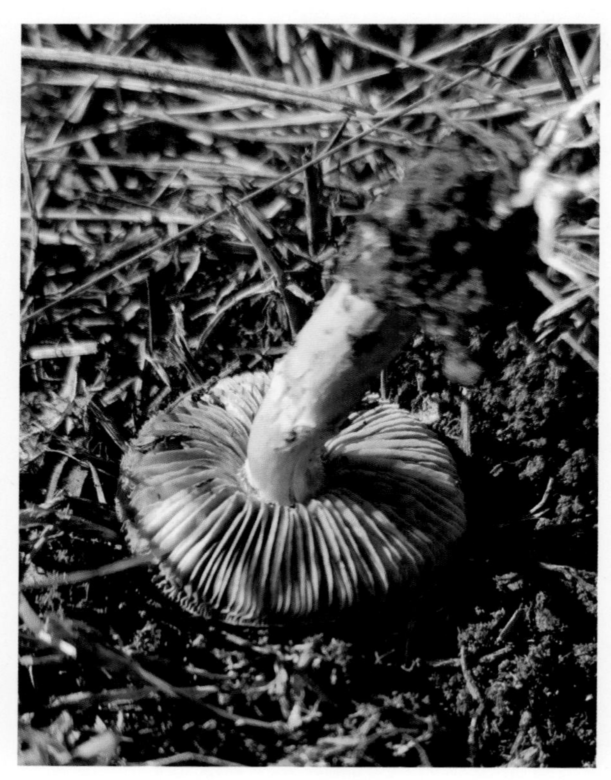

156 球盖菇属种（可能新种）

Stropharia sp.

【采集地点】泾源县黄花乡羊槽村菌草园区阔叶林中地上。

【形态特征】子实体菌盖直径 3—6.5cm，幼时半球形，后平展，不黏，表面白色，边缘上翻开裂。菌褶弯生，不等长，稍稀，蓝紫色。菌柄圆柱形，基部稍膨大，长 5—9cm，粗 0.7—1cm，与盖同色，伤后变蓝色，表面具白色鳞片。菌环上位，膜质。

【生境】夏秋季节生于腐殖质丰富的阔叶林中地上。单生，散生。

【用途】食毒不明。

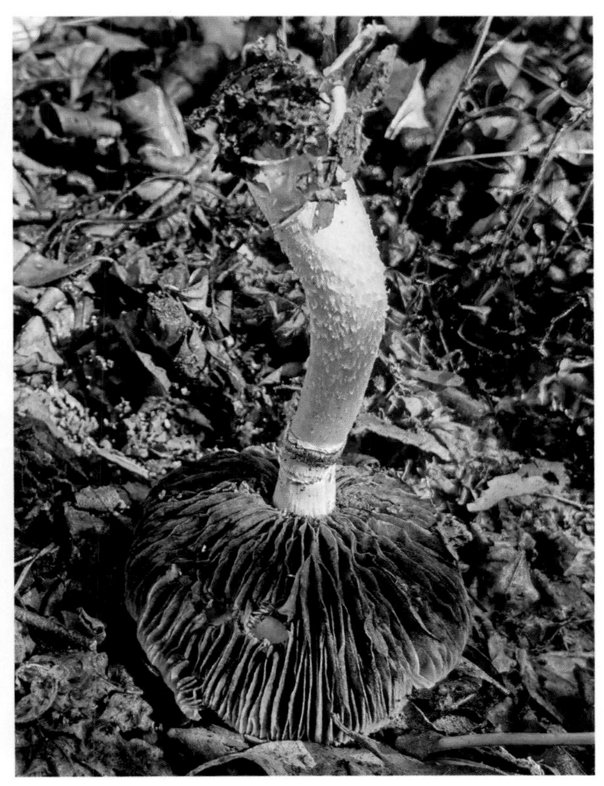

157 芳香杯伞
Clitocybe fragrans (With.) P.Kumm.

【采集地点】泾源县卧龙山公园混交林中草地上。

【形态特征】子实体菌盖幼时扁半球形，后平展，直径 2—6cm，开伞后中部凹陷，表面白色至浅黄色，湿润时边缘有条纹。菌肉白色，有香气。菌褶延生，不等长，中等密，白色。菌柄圆柱形，长 3—9cm，粗 0.4—0.9cm，与盖同色，近平滑，松软至空心，基部有绒毛。孢子球形。孢子印近白色。

【生境】夏秋季节生于树林中地上。群生至丛生。

【用途】有毒。

158 黄白杯伞
Clitocybe gilva (Pers.:Fr.) kummer.

【采集地点】隆德县泾隆公路旁松树林中落叶层上。

【形态特征】子实体菌盖幼时扁平，后平展，中央下凹呈杯状，直径 5—10cm，肉质，表面黄褐色，中部被有斑点，边缘有条纹、波状。菌肉呈白色，薄。菌褶延生，窄，不等长，污白色至米黄色。菌柄圆柱形，同盖色，长 5—8cm，粗 0.7—1.3cm，有绒毛。

【生境】夏秋季节生于稀疏的松树或混交林中落叶层上。散生、群生或丛生。

【用途】食毒不明。

159 落叶杯伞

Clitocybe phyllophila (Pers.) P.Kumm.

【采集地点】泾源县黄花乡羊槽村桦树林中地上。

【形态特征】子实体菌盖幼时扁球形，后期呈漏斗形，直径 5—10cm，表面白色，具有白色绒毛，边缘锐，有时呈波浪状白色。菌肉白色，受伤后不变色。菌褶延生，不等长，稍密。菌柄圆柱形，长 4—9cm，粗 0.4—0.7cm，白色，中空，表面具纤丝绒毛。孢子椭圆形，光滑，无色。

【生境】夏秋季节生于阔叶林或混交林中地上。单生或群生。

【用途】有毒。

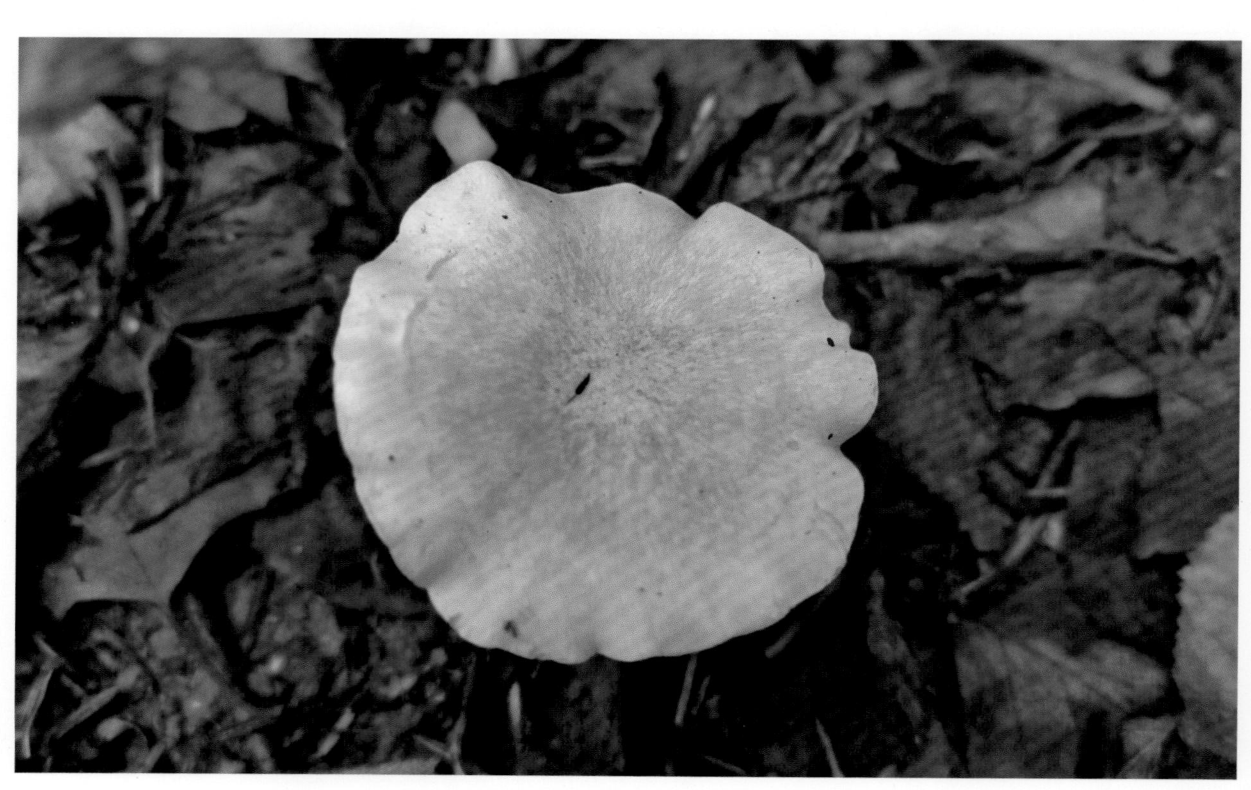

160 华美杯伞
Clitocybe splendens (Pers.:Fr.) Gill.

【采集地点】泾源县六盘山镇松树林中地上。

【形态特征】子实体菌盖直径6—10cm，中部下凹，边缘伸展呈波状，表面淡黄色。菌肉白色。菌褶延生，不等长，稍密。菌柄圆柱形，长4—6cm，粗0.5—1cm，同盖色，被白色细纤毛，内部松软至中空。孢子球形，表面具钝疣突，浅褐色。

【生境】秋季生于松树林中地上。单生，散生，群生。

【用途】食用。

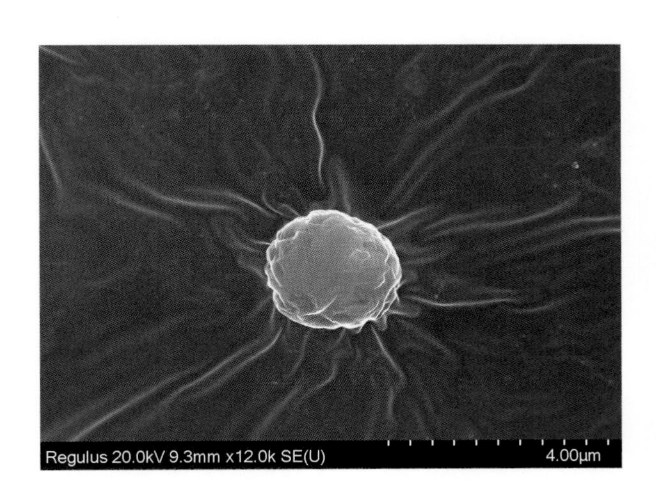

161 杯伞属种（可能新种）
Clitocybe sp.

【采集地点】隆德县泾隆公路旁桦树林中落叶层上。

【形态特征】子实体菌盖幼时扁平，后平展，中央下凹呈杯状，直径3—6cm，肉质，表面具白色绒毛，米黄色。菌褶延生，稍密，不等长，白色。菌柄圆柱形，往基部渐粗，光滑，米黄色，长5—10cm，粗0.7—1.3cm，基部具白色绒毛。

【生境】夏秋季节生于阔叶林或混交林中落叶层上。单生，散生。

【用途】食毒不明。

162 杯伞属种
Clitocybe sp.

【采集地点】泾源县黄花乡胜利村混交林中地上。

【形态特征】子实体较小，菌盖直径 2—4cm，幼时扁半球形，后平展，中部凹陷，表面白色至浅黄绿色，水渍状，边缘具条纹。菌肉白色，有一股浓烈的香气。菌褶延生，较密，不等长，有分叉，浅黄绿色。菌柄圆柱形，长 3—6cm，粗 0.4—0.8cm，表面光滑，与菌盖同色，松软至空心。

【生境】夏秋季节生于混交林中地上。单生，散生，群生。

【用途】有毒。

163 紫丁金钱菌
Collybia nuda.

【采集地点】泾源县城公园落叶松林中地上。

【形态特征】子实体中等一大，菌盖直径8—13cm，幼时扁半球形，平展后中央稍下凹，表面光滑，白紫色。菌肉浅粉色，厚。菌褶直生，不等长，稍密，具横脉，粉紫色。菌柄圆柱形，长4—6cm，粗0.5—1cm，表面与菌褶同色，具绒毛，中间松软。孢子卵形，无色，表面具疣突。

【生境】夏秋季节生于松树林中地上。单生，散生。

【用途】食毒不明。

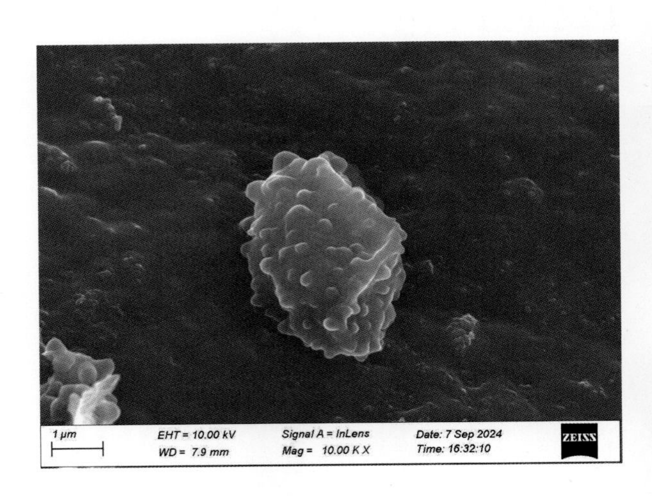

164 毡毛金钱菌
Collybia pannosa

【采集地点】泾源县黄花乡胜利村混交林中地上。

【形态特征】子实体中等大，菌盖直径3—7cm，幼时扁半球形，后平展，边缘呈波状，中间穴状下凹，粉红色，表面光滑，污白色。菌肉白色。菌褶延生，不等长，中等密，粉红色。菌柄圆柱形，长5—8cm，粗0.6—0.8cm，表面与菌褶同色，具白色絮状鳞片，内部松软至中空。

【生境】夏秋季节生于混交林中地上。单生，散生。

【用途】食毒不明。

165 布诺萨金钱菌
Collybia pannosa.

【采集地点】泾源县六盘山镇松树林中地上。

【形态特征】子实体菌盖直径 2—5cm，平展后中部下凹，边缘不规则瓣状，表面白色，中央浅黄色。菌肉白色。菌褶直生至延生，不等长，密，淡黄色。菌柄圆柱形，稍弯曲，长 3—5cm，粗 0.3—0.7cm，基部稍膨大，具白色绒毛，表面近光滑，淡黄色。孢子近圆球形，表面具疣突，浅褐色。

【生境】夏秋季节生于松树林中地上。散生，群生。

【用途】食毒不明。

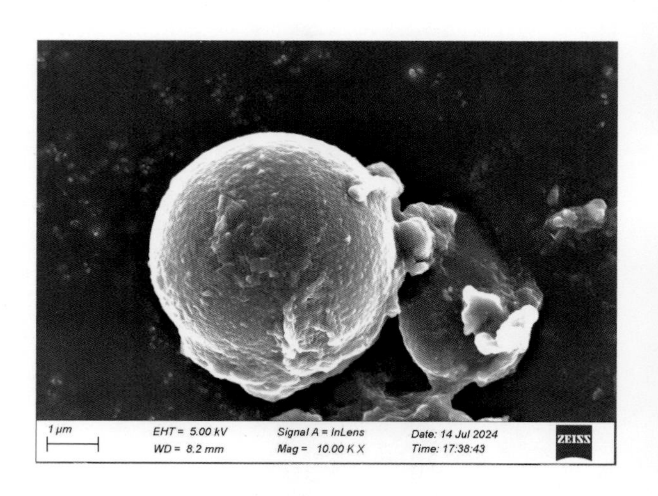

166 花脸金钱菌
Collybia sordida.

【采集地点】泾源县卧龙山公园苔藓上。

【形态特征】菌盖直径3—8cm，扁半球形至平展，有时中部稍凸或稍下凹，薄，光滑，不均匀紫色或粉色状。菌肉带淡紫色。菌褶稍稀，直生至弯生，有的延生，不等长，淡蓝紫色。菌柄圆柱形，长3—6.5cm，粗0.2—0.8cm，与菌盖同色或稍浅，往基部渐粗，稍弯曲，具纵条纹。孢子圆球形，表面具疣刺，浅粉色。

【生境】夏秋季节生于林中苔藓上。

【用途】食毒不明。

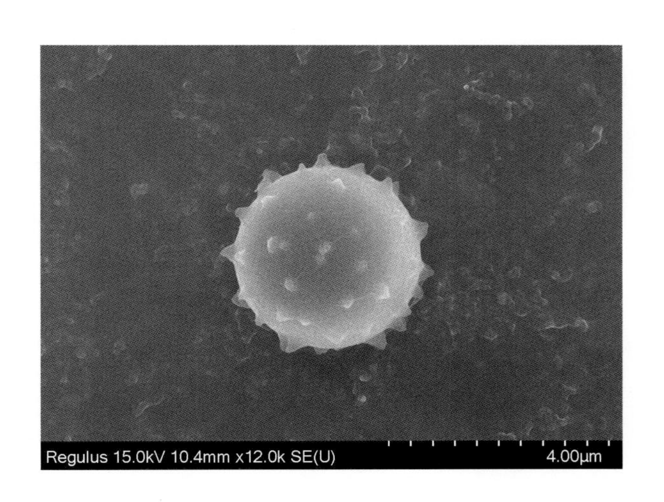

167 金钱菌属种
Collybia sp.

【采集地点】泾源县六盘山镇刘沟村树林中草地上。

【形态特征】子实体菌盖幼时半球形，后平展，边缘内卷，直径3—6cm，表面光滑，白色。菌肉白色。菌褶，直生，不等长，密，乳白色。菌柄稍扁，长3—6cm，粗0.5—1cm，表面具白色鳞片，白色，内部松软至中空。孢子近椭圆形，表面粗糙，浅褐色。

【生境】夏秋季节生于针叶林或混交林中地上。丛生，簇生。

【用途】食毒不明。

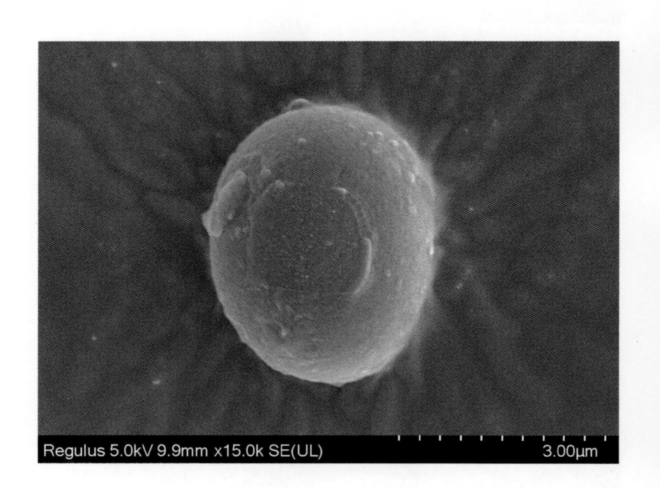

168 金钱菌属种（可能新种）

Collybia sp.

【采集地点】泾源县黄花乡羊槽村松树林中地上。

【形态特征】子实体菌盖幼时扁半球形，后平展，中央突起呈银耳状，边缘波浪状，上翻呈浅盘状，直径 4—7cm，表面光滑，乳白色。菌肉白色。菌褶延生，不等长，密，与盖同色。菌柄圆柱形，近等粗，基部具白色绒毛，长 5—8cm，粗 0.5—1.2cm，表面光滑，与盖同色。

【生境】夏秋季节生于针叶林和混交林中草地上。单生，散生。

【用途】食毒不明。

169 黄绿卷毛菇

Floccularia luteovirens = Armillaria luteovirens.

【别名】黄绿密环菌、黄环菌、黄蘑菇。

【采集地点】宁夏六盘山森林公园阔叶林中草地上。

【形态特征】子实体菌盖直径5—14cm，扁半球形、凸镜形至平展，中央稍突起或无突起，硫磺色、黄色至鲜黄色，盖边缘具菌幕残留，菌盖干后近白色并呈龟裂状，表面具絮毛状、纤毛状黄绿色、黄色反卷的粗鳞片，边缘内卷。菌肉厚，白色或带黄色。菌褶弯生，密，不等长，米色、黄色或近盖色。菌柄圆柱形，长3.5—14cm，粗1.2—2.6cm，白色或带黄色，菌环以下被黄绿色反卷粗鳞片，易与菌柄剥离，内实，基部膨大。菌环上位，黄色。孢子椭圆形，无色，光滑。

【生境】夏秋季节生于阔叶林、草原或高山草地上，尤喜生于高山草甸上。单生，散生。

【用途】美味野生食用菌。

170 紫丁香蘑

Lepista nuda (Bull.) CooKe.

【采集地点】泾源县米缸山针阔混交林中地上。

【形态特征】菌盖直径3—11cm，半球形至平展，有时中部凹陷，边缘内卷，无条纹，光滑，湿润，表面初期蓝紫色至丁香紫色，成熟后变褐紫色。菌肉较厚，淡紫色。菌褶直生、弯生至稍延生，不等长，蓝紫色或与菌盖同色。菌柄圆柱形，长4—9cm，粗0.6—2cm，与菌盖同色，上部有絮状粉末，下部光滑或有纵条纹和颗粒状鳞片，内部充实，基部稍膨大。孢子椭圆形，无色，近光滑至具小麻点。

【生境】夏秋季节生于林中、林缘地上。单生或群生。

【用途】食用、药用。味道鲜美，有香味，优良的野生食用菌，可人工栽培。

171 粉紫香蘑
Lepista personata (Fr.) Cooke.

【采集地点】泾源县新民乡大雪山槐树林中地上。由禹光荣提供照片。

【形态结构】子实体较大型，菌盖初为半球形或凸镜形，后平展，直径4—16cm，表面奶油色至淡粉紫色，后渐褪为污白色。菌肉厚，白色至灰白色。菌褶离生至弯生，不等长，密，浅粉紫色。菌柄长5—7cm，粗1.5—3cm，圆柱形，基部球茎状膨大，表面被淡紫色纵向纤丝状鳞片。担孢子椭圆形，无色，粗糙具麻点。

【生境】夏秋季节生于阔叶林或混交林中地上。群生。

【用途】食用，药用。美味食用菌。

172 灰叶铦囊蘑
Melanoleuca cinereifolia.

【采集地点】泾源县黄花乡羊槽村阔叶林中地上。

【形态特征】子实体中等大，菌盖直径 3—9cm，幼时扁半球形，后平展，表面光滑，水渍状，黄褐色带玳瑁斑纹。菌褶弯生，不等长，密，白色。菌柄圆柱形，近等粗，长 5—9cm，粗 0.4—0.8cm，表面灰褐色，具黄褐色鳞片和细纤丝。

【生境】夏秋季节生于林中地上。单生。

【用途】食毒不明。

173 常见铦囊蘑
Melanoleuca communis.

【采集地点】泾源县黄花乡胜利村混交林中地上。

【形态特征】子实体菌盖直径 3—7cm，幼时半球形，后平展，边缘上翻呈浅盘状，表面灰褐色至浅粉褐色，具细绒毛状鳞片。菌肉白色。菌褶直生至弯生，不等长，稍稀，白色至浅粉色。菌柄圆柱形，长 4—8cm，粗 0.5—1cm，呈扭曲状，表面具纵向纤丝纹，黄褐色，内部松软。孢子近椭圆形，表面具圆疣突。

【生境】夏秋季节生于针阔混交林中地上。单生，群生。

【用途】食毒不明。

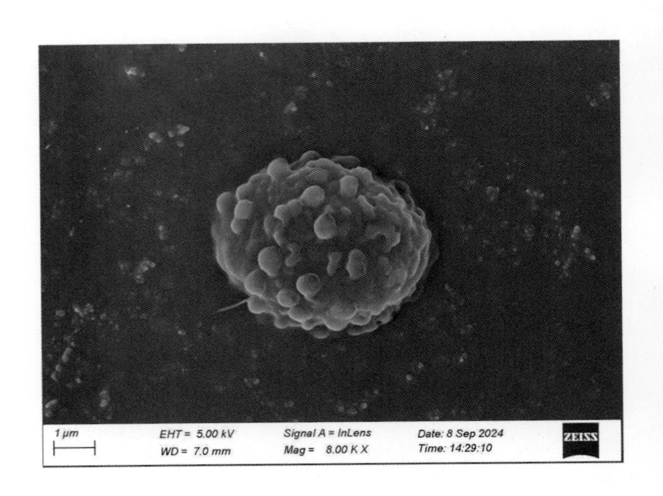

174 条柄铦囊蘑

Melanoleuca grammnopodia (Bull.: Fr.) pat.

【采集地点】泾源县黄花乡羊槽村大棚内地上。

【形态特征】子实体菌盖幼时扁半球形，后平展，中央略突起，直径6—12cm，表面污白色至暗褐色，光滑。菌肉白色至污白色。菌褶直生至延生，老后近弯生，不等长，密，白色至污白色。菌柄圆柱形，长7—12cm，粗0.6—1.5cm，具褐色至黑褐色条纹，扭转，内实，基部膨大。孢子椭圆形，无色，具麻点。

【生境】夏秋季节生于林中空地或林缘草地上。

【用途】食毒不明。

175 囊蘑（可能新种）

Melaleuca sp.

【采集地点】泾源县黄花乡胜利村混交林中地上。

【形态特征】子实体中等大，菌盖直径 5—10cm，幼时扁半球形，后平展，边缘锐薄，表面光滑，黄褐色。菌肉白色至米色。菌褶弯生，不等长，较密，白色。菌柄圆柱形，基部膨大，长 4—8cm，粗 0.5—1.3cm，表面具黄褐色纵向纤丝状条纹，中间松软至中空。

【生境】夏秋季节生于阔叶林或混交林中地上。单生，群生。

【用途】食毒不明。

176 黏脐菇
Myxomphalia maura (Fr.) H.E. Bigelow.

【采集地点】泾源县野荷谷针叶林边缘草地上。

【形态特征】子实体菌盖直径5—7cm，暗灰色、暗褐色、黄褐色，具辐射状隐生丝纹，湿时黏，中央下凹。菌肉灰白色，薄，近半透明。菌褶延生，不等长，稍密，污白色至污灰色。菌柄圆柱形，长4—7cm，粗0.3—0.5cm，光滑。孢子近球形，光滑，无色。

【生境】夏秋季节生于树林边缘草地或火烧迹地上。群生。

【用途】食毒不明。

177 白黄香蘑
Paralepista flaccida.

【采集地点】宁夏六盘山国家森林公园小南川松树林中地上。

【形态特征】子实体菌盖直径4—10cm，幼时扁半球形，后平展，成熟后中央下凹呈漏斗状，表面具红棕色纤毛鳞片。菌肉白色。菌褶直生至延生，密，长短不一，白色。菌柄圆柱形，长3—7cm，粗0.6—1.2cm，表面具绒毛状鳞片，与盖同色，内实。

【生境】夏秋季节生于针叶林中地上。单生，群生，丛生。

【用途】食毒不明。

178 银盖口蘑

Tricholoma argyraceum (Bull.) Gillet.

【采集地点】泾源县香水镇下桥村松树林中地上。

【形态特征】子实体菌盖幼时扁半球形，中央具圆突，色较深，平展后中央稍下凹，直径3—7cm，表面具深灰色鳞片，鳞片开裂，中部颜色较深。菌肉白色。菌褶弯生，不等长，较密，白色。菌柄圆柱形，上下近等粗，长4—7cm，粗0.4—1.3cm，白色或浅灰色，中空。孢子近圆形，光滑，无色。

【生境】夏秋季节生于针叶林中地上。散生，群生。

【用途】食用。

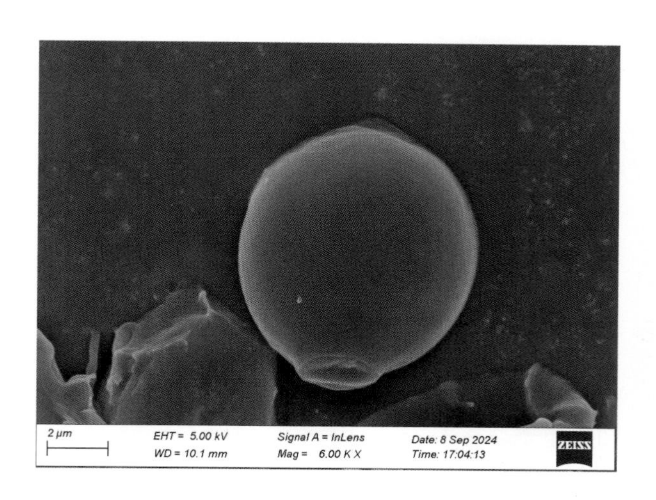

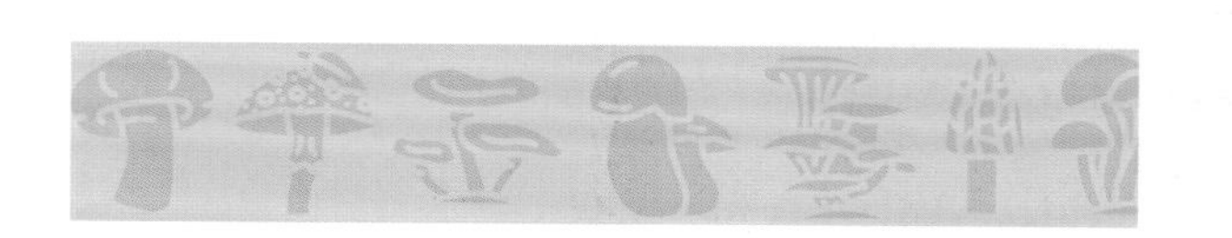

179 邦尼口蘑
Tricholoma bonii.

【采集地点】泾源县城公园混交林中地上。

【形态特征】子实体菌盖幼时半球形，后平展，直径3—8cm，表面被紫灰色鳞片，中央钝突，颜色较深，呈深灰色。菌肉白色。菌褶离生，不等长，较稀，污白色。菌柄圆柱形，向上渐细，长5—10cm，粗0.5—1.3cm，污白色，中空。孢子球形，光滑，无色。

【生境】夏秋季节生于针叶林或混交林地上。散生或群生。

【用途】食毒不明。

180 灰环口蘑
Tricholoma cingulatum.

【采集地点】泾源县城公园混交林中地上。

【形态特征】子实体菌盖直径 3—8cm，幼时半球形，后平展，中间具钝突，表面被黄褐色鳞片，中央颜色较深，老后边缘开裂。菌肉粉白色。菌褶弯生，不等长，稍稀，粉白色。菌柄圆柱形，长 3—8cm，粗 0.7—1cm，表面具白霜样鳞片，与菌褶同色，松软至中空。

【生境】夏秋季节生于阔叶林或混交林中地上。

【用途】食毒不明。

181 鳞柄口蘑
Tricholoma psammopus.

【采集地点】泾源县野荷谷落叶松林中地上。

【形态特征】子实体菌盖幼时凸镜形，后期平展，直径 3—10cm，浅黄褐色至锈色，中央颜色较深，表面黏滑。菌肉厚，白色。菌褶弯生，不等长，密，初期白色，后渐变为稻草黄色，表面具锈色斑点。菌柄圆柱形，长 4—9cm，粗 1—2cm，上部具小颗粒，下部具锈褐色纤毛状鳞片。孢子圆柱形，光滑，无色。

【生境】夏秋季节生于针叶林或混交林中地上。群生或丛生。

【用途】食毒不明。

182 口蘑属种 1
Tricholoma sp.

【采集地点】泾源县黄花乡胜利村针叶林中地上。

【形态特征】子实体菌盖直径 2—5cm，幼时半球形，后平展，中央具钝突，表面密被鼠灰色细纤毛。菌肉白色。菌褶直生至弯生，不等长，中等密，污白色。菌柄圆柱形，长 3—6cm，粗 0.5—0.8cm，表面近光滑，与菌褶同色，实心。

【生境】夏秋季节生于针叶林或混交林中地上。单生，散生。

【用途】食毒不明。

183 口蘑属种 2
Tricholoma sp.

【采集地点】泾源县香水镇下桥村阔叶林中地上。

【形态特征】子实体菌盖直径 3—8cm，幼时半球形，后平展，中间稍凸起，老后菌盖边缘上翻，有开裂，表面污白色，具稀疏灰色鳞片，中部颜色稍深。菌肉白色。菌褶弯生，不等长，稍密，白色。菌柄圆柱形，长 3—7cm，粗 0.5—0.8cm，表面近光滑，白色，中空。

【生境】夏秋季节生于阔叶林或混交林中地上。群生至丛生。

【用途】食毒不明。

184 棕灰口蘑
Tricholoma terreum.

【别名】灰蘑、台蘑、小灰蘑。

【采集地点】泾源县香水镇永丰村松树林和混交林中地上。

【形态特征】子实体较小，散生或群生。菌盖直径 2—6cm，初为半球形，成熟后平展，灰褐色或棕灰色，覆有暗褐色软毛小鳞片，盖缘初内卷，成熟后常见裂开。菌肉白色，较薄，老后味道微苦。菌褶弯生，不等长，稍密，近白色，后淡灰色。菌柄圆柱形，长 2.5—6cm，粗 0.4—1cm，白色到浅灰色，被细软毛，内部松软，后中空。孢子近椭圆形，无色，近光滑。

【生境】夏秋季节生于松树林或混交林中地上。

【用途】有毒。与松树和一些壳斗科的树种形成外生菌根。

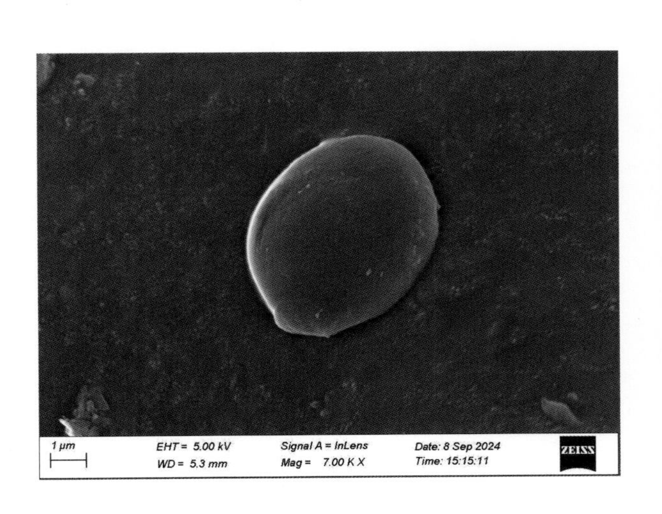

185 半卵形斑褶菇

Panaeolus semiovatus (S0werby) S.Lundell & Nannf.

【采集地点】草地牛粪上。

【形态特征】子实体菌盖直径 2.5—6cm，锥形、卵圆形至钟形，湿时黏，表面平滑至有皱纹，污白色至米黄色。菌肉白色至灰白色。菌褶直生或弯生，稍稀，不等长，灰褐色，具黑灰相间的斑纹。菌柄圆柱形，长 7—13cm，粗 0.3—0.6cm，与菌盖同色，表面具白色鳞片，中空。菌环上位，膜质，灰褐色。孢子椭圆形，光滑，暗褐色。

【生境】夏秋季节生于草食性动物的粪便上。单生，群生。

【用途】有毒。

186 灰褐牛肝菌
Boletus griseus Frost.

【采集地点】崆峒山路上栎树林中地上。

【形态特征】菌盖直径 4—10cm，初为半球形，后平展、凸镜形，表面有绒毛，不黏，近光滑，有时龟裂，淡灰色、灰褐色、褐色，有时带暗绿褐色。菌肉白色至灰色，伤后变粉紫色，偶变褐色，有水果香气。菌管初期灰白色，后灰色至灰褐色，受伤后不变色，近离生或凹生，在菌柄周围凹陷，管孔圆形，木材色。菌柄圆柱形，长 4—9cm，粗 1—2.5cm，基部略细，灰褐色或暗灰褐色，上部色较浅，有黑褐色至黑色网纹，内实，老后中空。

【生境】夏秋季节栎树等壳斗科树或针栎混交林中地上。群生或簇生。

【用途】食用，优良野生食用菌。一些树种的外生菌根菌。

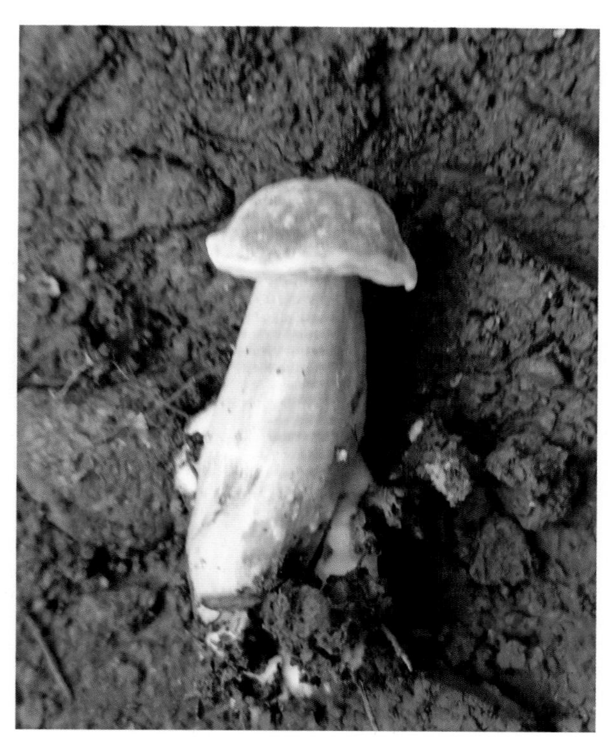

187 粗鳞牛肝菌
Hortiboletus rufosquamosus.

【采集地点】崆峒山路边的栎树林中地上。

【形态特征】菌盖直径3—7.5cm，凸镜形至平展，幼时表面棕褐色微绒毛，不黏，后菌盖逐步展开后，表面呈黄褐色至红褐色，具细小龟裂鳞片。菌肉污白色至浅黄色，受伤后变为蓝色。子实层直生、弯生，表面橄榄黄色至浅褐色，老时呈赭黄色，受伤后变为蓝色。管口多角形，菌管与子实层表面同色，受伤后变为蓝色。菌柄中生，圆柱形，长3—7.5cm，粗0.5—1.2cm，表面浅黄绿色至红褐色，具纵向棱纹。孢子梭形至圆柱形，褐黄色。

【生境】春秋季节散生或群生于栎树等阔叶树林中地上。

【用途】食毒不明。与栎、栗等一些阔叶树形成外生菌根关系。

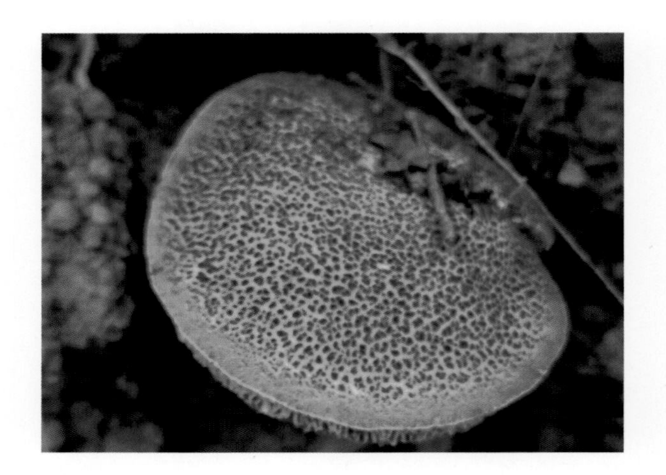

188 褐疣柄牛肝菌
Leccinum scabrum (Bull.) Gray.

【采集地点】泾源县香水镇泾隆公路边山上桦树林中地上。

【形态特征】菌盖直径 5—14cm，幼时半球形，成熟后扁凸镜形，湿时稍黏，表面黄褐色、浅褐色、褐色至暗褐色，具微绒毛，成熟后表面不平整，有皱突。菌肉厚，白色，伤后不变色。菌管表面白色至污白色，成熟时常有淡褐色斑点，受伤后变淡褐色，密集，近菌柄处塌陷。菌柄圆柱形，基部膨大，长 4—16cm，粗 1.5—3.5cm，表面白色至污白色，表面密布黑褐色疣状鳞片，中实。孢子梭形至长椭圆形，青褐色。

【生境】夏秋季节单生或群生于阔叶树林中地上。

【用途】有毒，建议不要食用，误食可能导致胃肠炎型中毒。外生菌根菌。

189 疣柄牛肝菌属种（可能新种）

Leccinum sp.

【采集地点】泾源县香水镇上桥村路边桦树林中地上。

【形态特征】子实体菌盖 8—13cm，幼时半球形，后平展呈凸镜形，表面光滑，橙红色至橙黄色。菌肉厚，质密，灰白色，受伤后不变色。菌管弯生，在菌柄周围凹陷，管口面灰白色，管口圆形。菌柄圆柱形，长 8—12cm，粗 1.5—2cm，基部稍粗，污变色，表面被灰褐色小疣粒。孢子长椭圆形，光滑。

【生境】夏秋季节生于杨树、桦树等阔叶林中地上。单生或散生。

【用途】食毒不明。树木外生菌根菌。

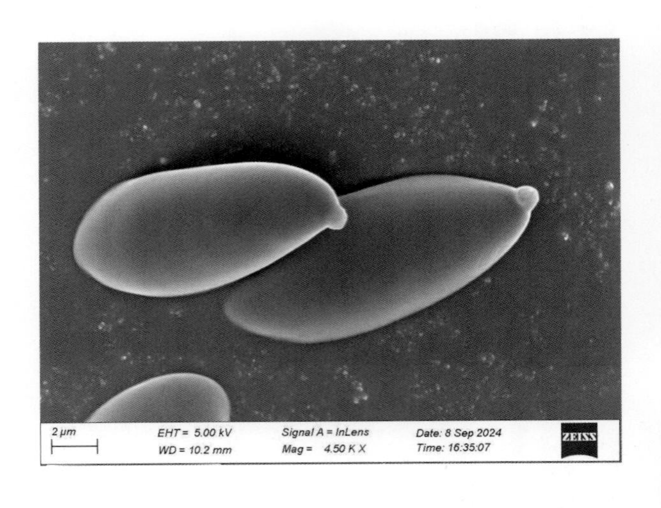

190 血红色铆钉菇
Chroogomphus rutilus.

【采集地点】宁夏六盘山国家森林公园大门口松树林中地上。

【形态特征】菌盖直径4—8cm，幼时圆锥形，中央具小突，开伞后扁平形或漏斗形，表面黏，红褐色至玫红色。菌肉初为白色，受伤后变玫红色，厚。菌褶延生，具小菌褶，稍稀，初为米黄褐色，后变为黑红色。成熟后菌盖上翘呈倒圆锥形。菌柄长3—6cm，粗0.6—2cm，上部粗，向下渐细，黄褐色；菌柄顶端有不完全的绵毛状菌环。孢子长椭圆形至近纺锤形。

【生境】夏秋季节生于针叶林中地上，特别是松树林下腐殖土上多，并常和乳牛肝菌一起发生。单生或群生。

【用途】据报道可食。外生菌根菌。

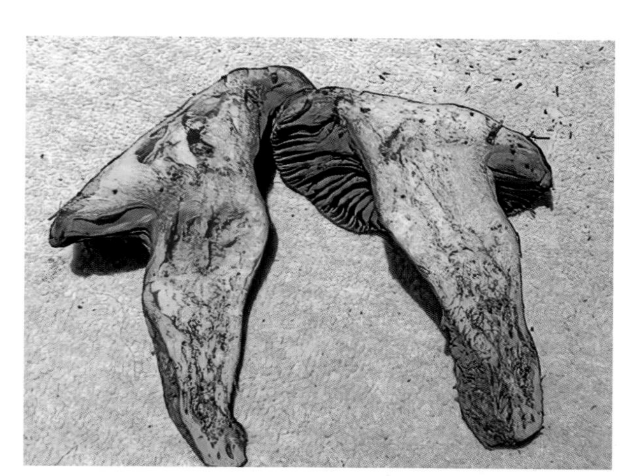

191 卷边桩菇

Paxillus involutus (Batsch) Fr.

【采集地点】宁夏六盘山国家森林公园凉殿峡阔叶林中地上。

【形态特征】子实体菌盖直径6—15cm，幼时半球形，后平展，中央下凹，边缘内卷，表面黄褐色或橄榄褐色，湿时稍黏，成熟后具有少量绒毛至光滑。菌肉浅黄色，厚，受伤后缓慢变黄褐色。菌褶延生，不等长，很密，有横脉，靠近菌柄的菌褶间连接成网状，米黄色、黄绿色或青褐色，伤后变暗褐色。菌柄圆柱形，长5—9cm，粗0.6—1.5cm，近等粗或基部稍膨大，实心，表面具网纹，与菌盖同色。孢子椭圆形，光滑，锈褐色。

【生境】春—秋季生于阔叶树林中地上。散生或丛生。

【用途】有的报道有毒，有的报道可食，慎食。

192 暗孔网褶菌
Paxillus obscurosporus.

【采集地点】泾源县城公园桦树林中草地上。

【形态特征】子实体大型，菌盖直径8—15cm，幼时半球形，表面具绒毛，后平展，中部下凹，成熟时呈漏斗状，表面光滑，湿时黏，红棕色。菌肉厚，紧实，米黄色，受伤后褐变。菌褶延生，不等长，密，具分叉，和菌柄连接处呈网状，幼时米黄色，成熟后棕褐色，受伤后会分泌出白色乳汁，和空气接触后很快变成咖啡色。菌柄圆柱形，长2—4cm，粗1.2—2cm，表面米黄色，具网纹，实心至空心。

【生境】夏秋季节生于桦树林中地上。单生，群生。

【用途】食毒不明。

193 维纳斯网褶菌
Paxillus vernalis.

【采集地点】泾源县城公园混交林中草地上。

【形态特征】子实体大型，菌盖直径 7—15cm，幼时半球形，表面黄色，后平展，中央下凹，表面湿时黏，具绒毛，黄褐色，中部红褐色。菌肉白色，厚，受伤后变褐色。菌褶延生，不等长，密，黄褐色，和菌柄连接处呈网状，受伤后会流出乳汁，很快变咖啡色。菌柄圆柱形，长 3—6cm，粗 1—1.4cm，表面被绒毛，与菌盖同色，实心。

【生境】夏秋季节生于混交林中地上。单生，散生。

【用途】食毒不明。

194 克林顿乳牛肝菌
Suillus clintonianus.

【采集地点】宁夏泾源县米缸山松树林中地上。

【形态特征】子实体菌盖幼时半球形，后呈凸镜形，表面光滑，橘红色。菌肉米黄色，受伤见空气后渐变为蓝绿色。菌管浅黄色，孔口多角形。菌柄圆柱形，弯曲，长 6—12cm，粗 0.7—1.3cm，表面与盖同色，被红棕色纤毛，基部具白色菌索，上部松软至中空。孢子圆球形，表面凹凸不平，浅褐色。

【生境】夏秋季节生于松树林中地上。单生，散生。

【用途】食毒不明。

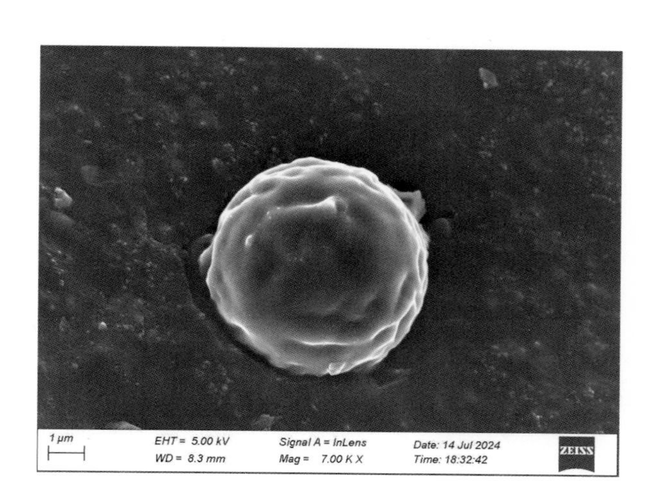

195 点柄乳牛肝菌
Suillus granulatus (L) Roussel.

【采集地点】泾源县新民乡大雪山油松林中地上。

【形态特征】菌盖直径 3—10cm，扁半球形，表面平滑，湿时胶黏，淡黄色或黄褐色；菌肉奶油黄色或淡黄色，受伤后不变色。菌管直生或稍延生，初白色，后淡黄色至污黄色，伤后不变色；管孔多角形，幼嫩时管口具小乳滴。菌柄长 2.5—8cm，粗 0.8—1.5cm，近圆柱形，淡黄褐色，上部具腺点。孢子无色至淡黄色，长方形至椭圆形。

【生境】夏秋季节生于散生、群生或丛生于松树林或针阔混交林中地上。

【用途】有毒，食后会引起腹泻。松科植物菌根菌。

196 厚环乳牛肝菌
Suillus grevillei (Klotzsch) Sing.

【采集地点】泾源县新民乡大雪山落叶松树林中地上。

【形态特征】菌盖直径 2—10cm，初半球形，后扁平半球形，表面平滑，黏，新鲜时橘黄色至红褐色，干后深褐色。菌肉厚，新鲜时淡黄色，受伤后变红褐色。菌管直生至延生，淡黄色至青褐色，受伤后变为杜梨色或浅棠梨色；管孔多角形。菌柄长 4—10cm，粗 0.5—2cm，圆柱形，黄色至栗褐色，中实，菌环以上有网纹，菌柄下端受伤后会变蓝绿色。菌环上位，白黄色，厚，具胶质外层。孢子近梭形，具疣突，浅青褐色。

【生境】生于落叶松林中地上，单生，散生。

【用途】食用，药用，稍苦。

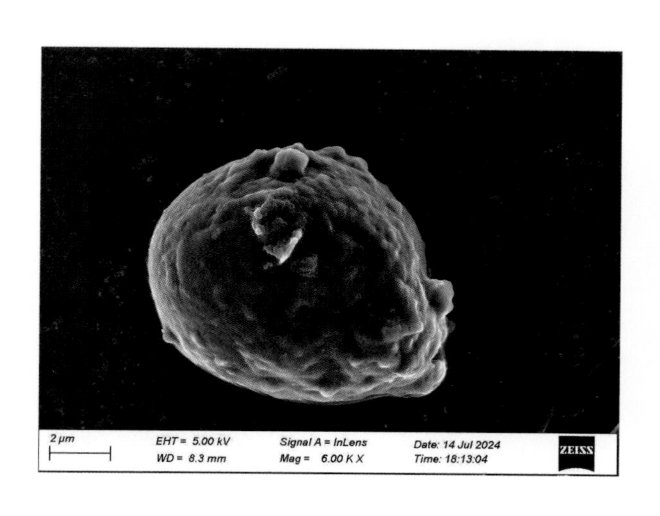

197 褐环乳牛肝菌
Suillus luteus .

【采集地点】泾源县新民乡油松树林和县城公园混交林中地上。

【形态特征】子实体初期半球形，后平展，黄褐色或红褐色，光滑，湿时黏。菌肉后淡黄色，伤后不变色。菌管米黄色，直生，老时在菌柄周围有凹陷，管口多角形，伤后不变色。菌柄圆柱形，长 3—7.5cm，粗 1—1.5cm，基部稍膨大，淡粉色，有散生褐色小腺点，中实。菌环膜质，上位，初呈黄白色，后呈褐色。孢子圆球形，凹凸不平，淡黄色。

【生境】夏秋季节生于松树林或混交林中地上。散生或群生。

【用途】有毒，建议不要食用。为外生菌根菌。

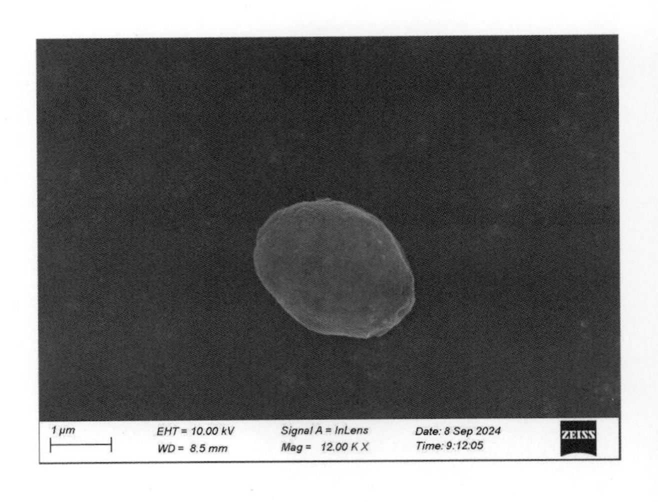

198 亚杏仁状乳牛肝菌
Suillellus subamygdalinus.

【采集地点】泾源县香水镇上桥村路旁混交林中地上。

【形态特征】子实体菌盖直径5—14cm，幼时半球形，后渐长成扁半球形至完全平展，过熟后有时边缘反卷，幼时表面密被微绒毛，呈暗黄褐色至锈褐色，长大后呈梅红色或暗红色。菌肉污白色，受伤后迅速变蓝黑色。菌管黄色至浅黄褐色，菌孔密集，近菌柄处凹陷，初期与管同色，后变红褐色，受伤后迅速变蓝黑色。菌柄圆柱形，粗壮，往基部渐粗，长5—9cm，1—2cm，中下部密覆红褐色鳞片，中上部形成网纹，受伤后迅速变蓝黑色。孢子宽椭圆形至近纺锤形，光滑，淡橄榄褐色。

【生境】夏秋季节单生或散生阔叶林或针阔混交林中地上。

【用途】食毒未明。

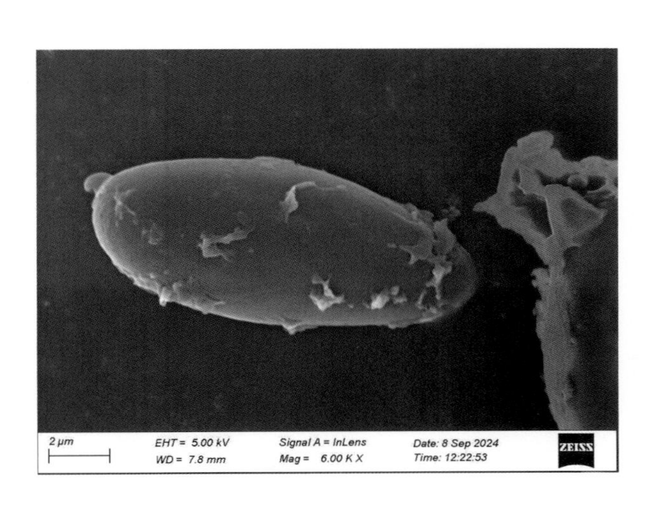

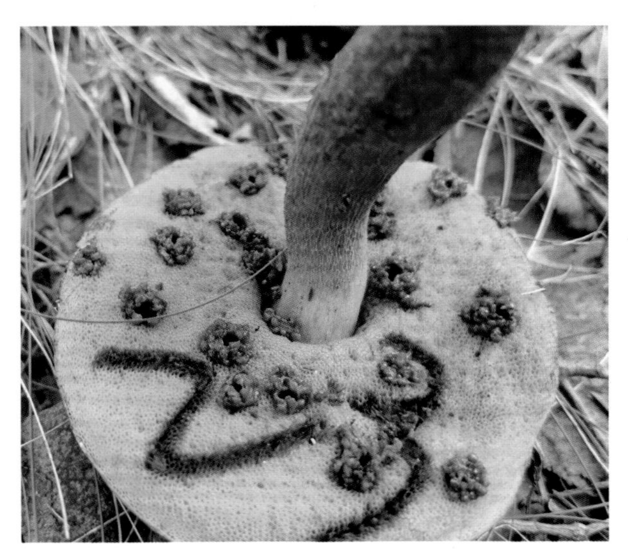

199 灰乳牛肝菌
Suillus viscidus.

【采集地点】泾源县香水镇上桥村落叶松林中地上。

【形态特征】菌盖直径 3.5—9.5cm，幼时半球形至凸镜形，后平展，老时有的会上翻，中央凸起，污白色至灰绿色，稍黏，常具细皱，具有容易脱落的灰褐色鳞片。菌肉乳白色，较厚，伤后变色不明显。菌管延生，初期污白色或藕色，成熟后灰绿色，孔口多角形，口径大，放射状排列，不易与菌肉分离，孔口表面与菌管同色，受伤后不变色。菌柄圆柱形，长 5.1—7.6cm，直径 1—2cm，基部稍膨大，直立至弯曲，与盖同色，粗糙，内实，上部有网纹。菌环膜质，有时略带红色，生于菌柄上部，易消失，内菌幕很薄。孢子长椭圆形，光滑，淡黄色。

【生境】夏秋季节单生或群生于针叶林或针阔混交林中的地上。

【用途】食用，药用，味道一般。

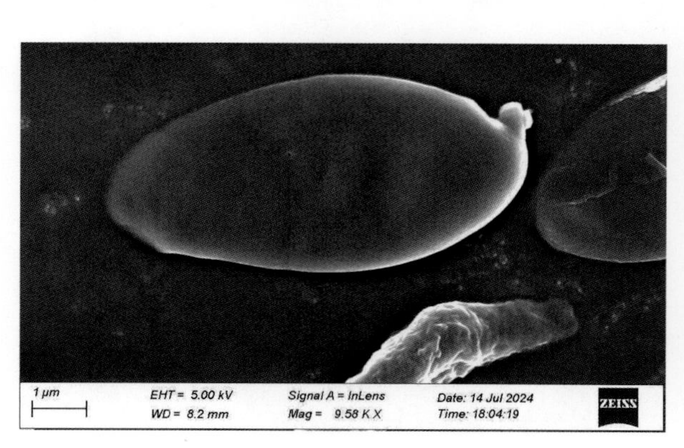

200 袋形地星
Geastrum saccatum (Fr.) Fisch.

【采集地点】泾源县黄花乡胜利村。

【形态特征】子实体幼时扁球形，外包被深袋形，上半部分裂5—8瓣，裂片反卷，表面光滑，蛋壳色、污褐色；内侧肉质，干后变薄，浅肉桂灰色。内包被无柄，球形，浅棕灰色，直径10—13mm。嘴部明显，色较浅，圆锥形，周围凹陷，有光泽。孢子球形，褐色，有小疣。

【生境】夏秋生于阔叶林或混交林中地上。

【用途】药用，孢子可用于外伤止血。

201 枝瑚菌属种（可能新种）
Ramaria sp.

【采集地点】泾源县香水镇上桥村。

【形态特征】子实体较小，分枝多，高 5—9cm，黄色或黄褐色，菌柄短，基部有浓密的白色菌丝垫。从基部或靠近基部开始分枝，在主枝上再进行 2—4 次分枝，顶端细枝尖细，菌肉白色柔韧。

【生境】夏秋季生长在落叶松、油松和云杉等针叶林中地上。群生、丛生。

【用途】据报道可食用，有药用价值。但味苦口感差，不建议食用。

202 枝瑚菌属种

Ramaria sp.

【采集当地】泾源县六盘山米缸山阔叶林中落叶层上。照片由时强提供。

【形态特征】子实体高 10—15cm，宽 10—13cm，菌柄粗壮，长 3—4cm，直径 2—3cm，单生或相连，其上多次分枝成丛，丛顶端近平，细枝近圆柱形，顶端尖锐。子实体白色或象牙白色。

【生境】夏秋季节生长在阔叶林或混交林中落叶层上。散生或群生。

【用途】食毒不明。

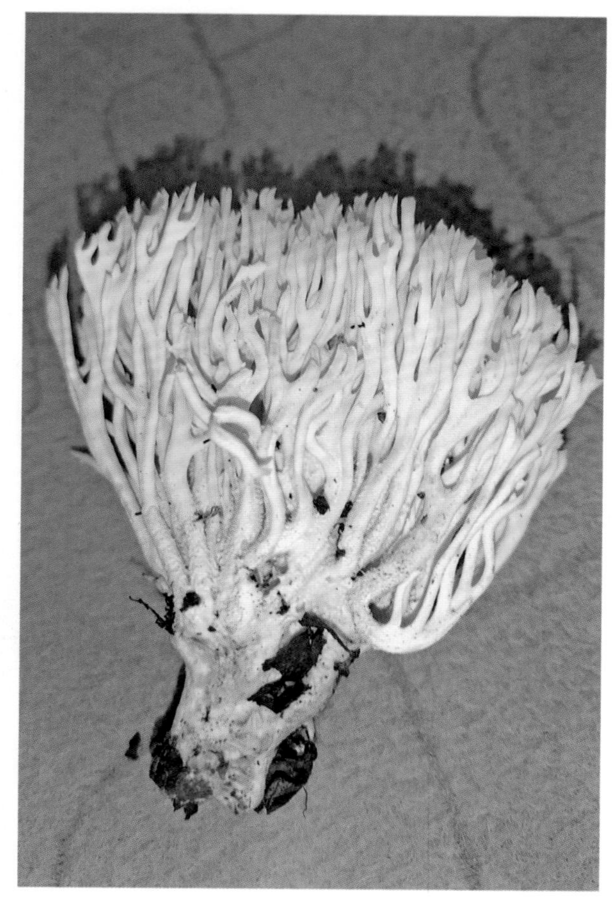

203 黑木耳

Auricularia auricula (L.: Hook.) Underw.

【采集地点】崆峒山阔叶林中枯木上。

【形态特征】子实体胶质，群生或丛生，浅圆盘形、耳状或不规则形，宽 2—12cm，新鲜时柔软，干后收缩呈角质。子实体的子实层生于腹面，光滑或有皱纹；不孕面有短绒毛。深褐色或黑褐色。基部膨大，往往颜色渐变浅。

【生境】春秋季节生于栎、榆、桑、槐等阔叶树的枯木上。

【用途】中国著名食（药）用菌，有美容、活血、补血、抑制肿瘤的功效，也是纺织工人的保健食品。

204 毛木耳
Auricularia polytricha (Mont.) Sacc.

【采集地点】崆峒山阔叶林中枯木上。

【形态特征】子实体直径可达20cm，群生或丛生，初期杯状，后为耳片状或叶片状，韧胶质。子实层在腹面，多数平滑，有时有皱纹，红褐色，常常带有紫色；背面为不孕面，青褐色或灰白色，有长的绒毛。基部膨大。

【生境】夏秋季节生于桐、枫、构等阔叶林枯木上。人工栽培产量高。

【用途】食用和药用。

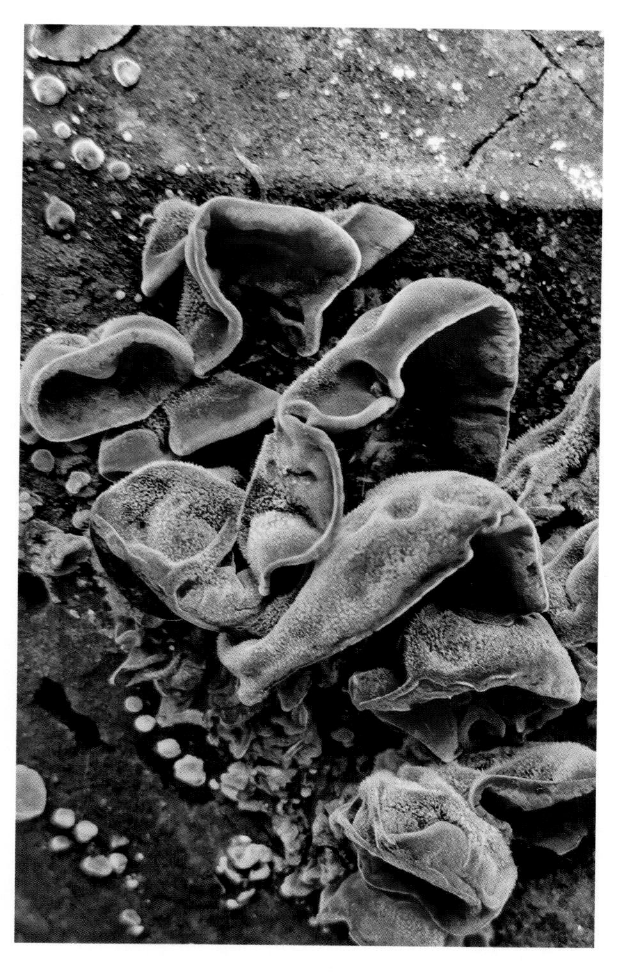

205 珊瑚状锁瑚菌

Clavulina coralloides (L.) J. SchrÖt.

【采集地点】泾源县城中间公园针叶阔叶混交林中地上。

【形态特征】子实体呈珊瑚状不规则分枝，散生或群生，高 3—87cm，灰白色。菌肉白色，内实。

【生境】夏秋雨后生于针阔混交林落叶层地上。

【用途】可食用。

206 火木层孔菌
Phellinus igniarius.

【别名】桑黄。

【采集地点】宁夏六盘山国家森林公园柳树活立木上。

【形态特征】子实体较大，多年生，菌盖马蹄形至扁半球形，木栓质至木质，宽7—17cm，基部厚可达5cm，表面灰褐色至黑色，具皮壳，同心环棱，老时开裂，边缘钝圆，浅咖啡色，不光滑。菌管孔口表面浅黄色至棕褐色，孔口圆形，每毫米4—6个；不育边缘宽可达4mm。菌肉深褐色，厚，具白色菌丝束，靠近基物处具颗粒状菌核。菌管土黄色，硬木质，分层明显，成熟时菌管中有白色菌丝束填充。孢子近圆形，无色，光滑。

【生境】春季—秋季生于柳、杨、桦、山楂等多种阔叶树活立木、树桩和倒木上，和基物附着牢固。单生。

【用途】药用。具活血、化饮和止泻等药用功效，是著名抗癌真菌桑黄的替代品之一。

207 红缘拟层孔菌

Fomitopsis pinicola (Sw.: Fr.) Karst.

【采集地点】隆德县泾隆公路边松树上。

【形态特征】子实体多年生，菌盖无柄或平覆而反卷，扁平，扁半球形至马蹄形，木质，4—13cm×7—23cm×2—8cm，初期有黄色胶状皮壳，后期变为灰色至黑色，有宽的棱带，边缘薄或厚，常钝，初为近白色，后渐变为浅黄色至赤栗色，下侧无子实层。菌肉近白色至木材色。菌管圆形，白色至浅黄色，木栓质，分层不明显。

【生境】夏秋季节生于多种针叶树活立木上，偶尔也生于阔叶树上。

【用途】药用。木腐菌。

208 奶油炫孔菌

Laetiporus cremeiporus Y. Ota & T. Hatt.

【采集地点】崆峒山阔叶林中树桩上。

【形态特征】子实体菌盖扁平，向外伸长可达7—8cm，宽可达10—13cm，中部厚2cm，覆瓦状叠生，无菌柄或短菌柄，肉质至干酪质，一年生；表面颜色鲜艳，黄褐色、橘黄色至红褐色；边缘波状，较菌盖表面颜色浅，干后内卷。菌管孔口表面新鲜时奶油色至白色，成熟时淡黄色，孔多角形，菌管与孔口同色。

【生境】夏秋季节生于阔叶树的倒木和树桩上，在壳斗科树上最常见。

【用途】木腐菌，造成木材腐朽。可能有毒，慎食。

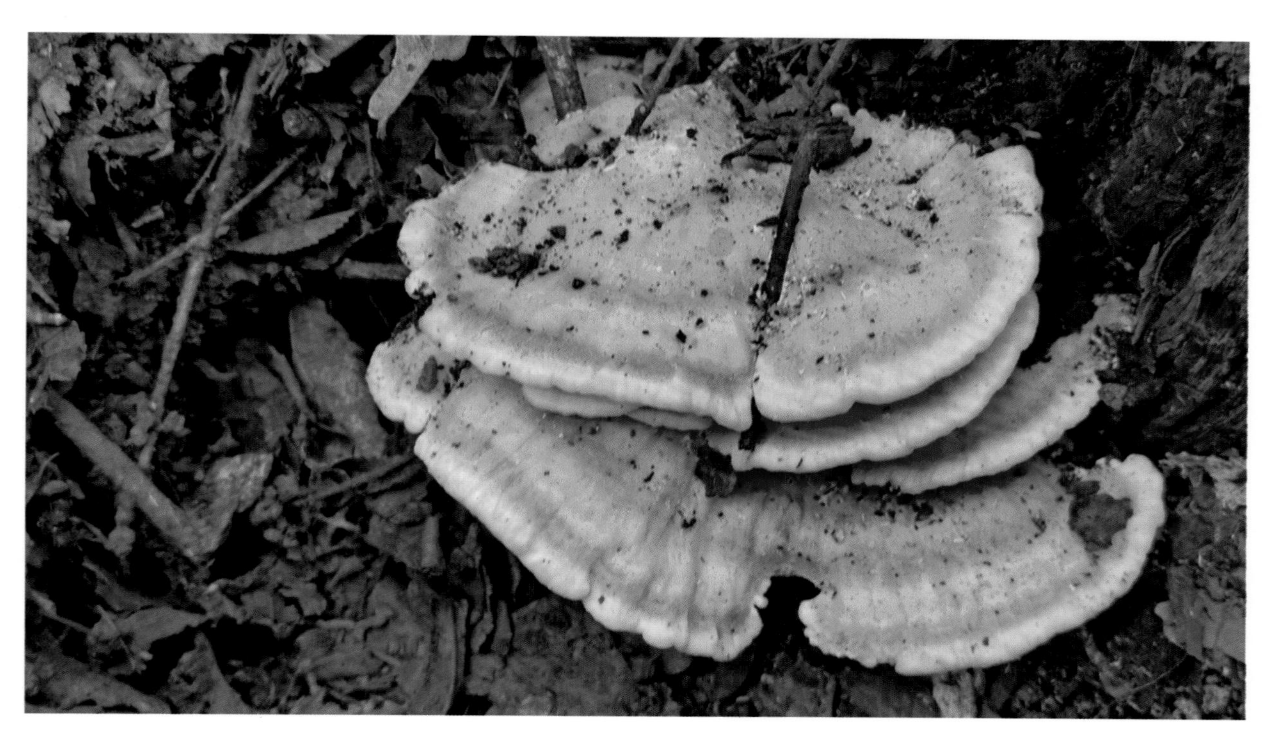

209 树舌灵芝
Ganoderma applanatum.

【采集地点】泾源县城公园树桩上。

【形态特征】子实体一年生至多年生，单生或覆瓦状叠生，无柄，木栓质到木质，以狭窄或较宽的基部与基质连接。菌盖半圆形或扇形，外伸可达 20 多公分，宽可达 50 多公分，基部厚 5—8cm。表面黄褐色至灰褐色，具淡褐色至褐色的同心环带，边缘圆，奶油色。菌管面灰白色，孔口圆形，每毫米 6—7 个。菌肉新鲜时浅褐色，厚度可达 3cm。孢子卵形或顶端平截，淡褐色至褐色，具双层壁，外壁光滑无色，内壁具小刺。

【生境】夏秋生于阔叶树枯木上。

【用途】可药用，能够人工栽培。

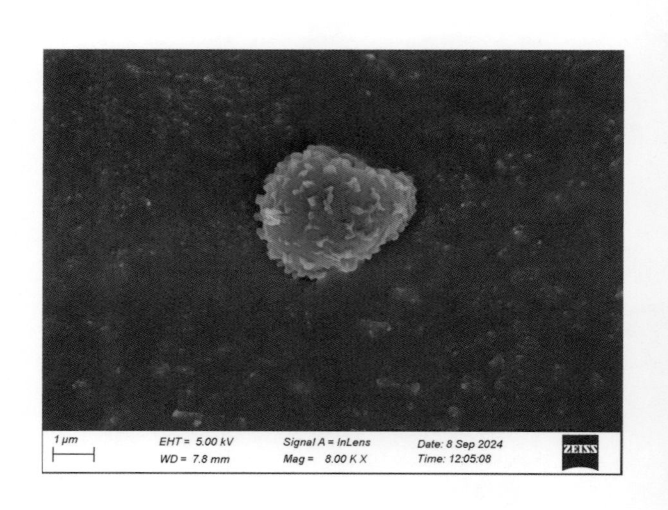

210 烟管孔菌属种（可能新种）

Bjerkandera sp.

【采集地点】泾源县卧龙山公园倒地腐木上。

【形态特征】子实体覆瓦状叠生，菌盖无柄，新鲜时革质至软木栓质，干后木栓质。菌盖半圆形，外伸可达 5cm，宽可达 7cm，基部后可达 0.4cm，表面白色至黄褐色，没有环带，有时具疣突，被细绒毛，边缘锐，乳白色，干时内卷。管口白色，渐变为黑蓝灰色，菌孔口多角形，每毫米 6—8 个。孢子长椭圆形，光滑，无色。

【生境】夏秋季节生于阔叶树死树、倒木和树桩腐木上。单生或群生。

【用途】药用。造成木材白色腐朽。

211 蜡孔菌
Ceriporiopsis sp.

【采集地点】泾源县香水镇沙南村河边杨树林中阔叶树倒木上。

【形态特征】子实体平伏，不易与基物剥离，软，新鲜时无特殊气味，长可达15cm，宽可达7cm，厚可达2mm。孔口表面白色至粉土黄色，干后黄褐色，多角形。菌肉奶油色。

【生境】秋季生于阔叶树腐木上。

【用途】造成木材白色腐朽。

212 桦褶孔菌
Lenzites betulina (L.) Fr.

【采集地点】泾源县香水镇沙南村河边杨树林中桦树枯木上。

【形态特征】子实体无柄，一年生，瓦片状叠生，革质，被绒毛或粗毛，灰白色或浅褐色，后变为青黄色，干后呈土黄色或深肉桂色。菌盖半圆形或扇形，外伸达5cm，宽6cm，中部厚1.5cm。菌肉近白色，干后浅土黄色。菌褶放射状排列，靠近边缘处孔状或二叉分枝。子实层体初期白色，干后土黄色至灰褐色，边缘锐，完整或波浪状。

【生境】春季至秋季生于阔叶树尤其是桦树的活立木、死树、倒木和树桩上。

【用途】药用。木腐菌，造成木材白色腐朽。

213 二型云芝
Corilus biformis (Kl.:Fr.) Pat.

【采集地点】崆峒山阔叶林中枯树上。

【形态特征】子实体呈半圆形或扇形，向外伸长可达 3—7cm，往往由多个菌盖排列成上下覆瓦状或左右相互连接，表面灰白色或浅黄褐色，具短密绒毛和同心形环纹。菌肉白色，柔韧。菌孔为短齿状，初期呈淡黄色，后期呈黄褐色至灰褐色。无柄，基部狭窄。

【生境】夏秋季节生于阔叶林中枯干或倒木上。

【用途】药用。造成木材腐朽。

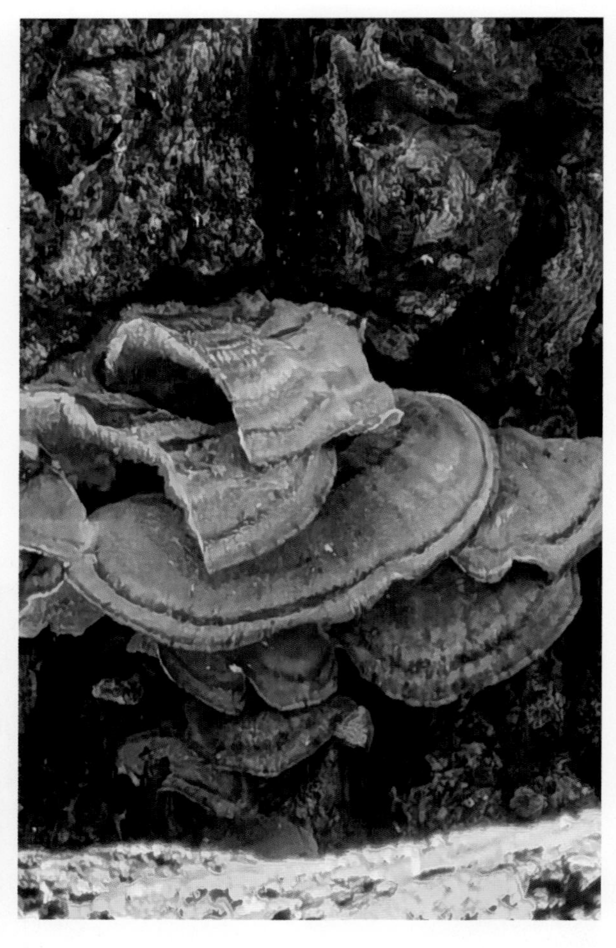

214 云芝

Coriolus versicolor (L.: Fr.) Quèl.

【采集地点】泾源县香水镇沙南村河边杨树林中枯木上。

【形态特征】子实体无柄，革质，覆瓦状叠生，往往相互连接。菌盖半圆形至贝壳形，1—5cm × 9cm × 0.1—0.4cm，表面被绒毛，有灰褐色、黑褐色、黑色等多种颜色，光滑而狭窄多彩的同心环带，边缘薄，完整或波浪状；菌肉白色。菌管口白色、浅黄色或灰色。

【生境】全年或夏秋季节生于阔叶树枯木上。

【用途】药用。云芝多糖肽对肝炎和肿瘤都有疗效。

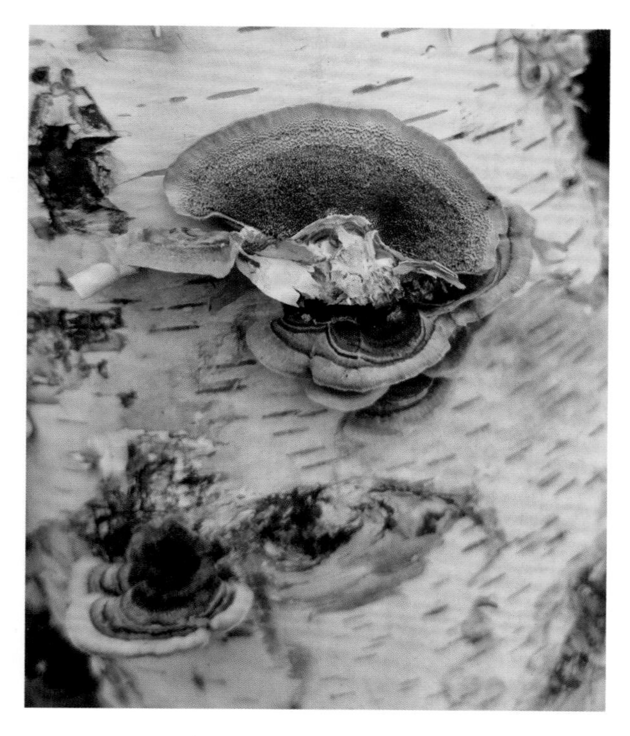

215 角孔菌
Cerioporus squamosus.

【采集地点】泾源县香水镇沙南村河边杨树林中枯木上。

【形态特征】子实体单生或覆瓦状丛生，大，菌盖扇形，边缘锐薄，5—20cm × 6—26cm × 1—3cm，近无柄至短柄，黄褐色，有黄褐色鳞片。菌肉白色，质软。菌管白色，延生，管口多角形，乳白色。菌柄侧生。孢子平滑，无色。

【生境】夏秋季节生于杨、榆、槐等阔叶树干或倒木上。

【用途】食毒不明。

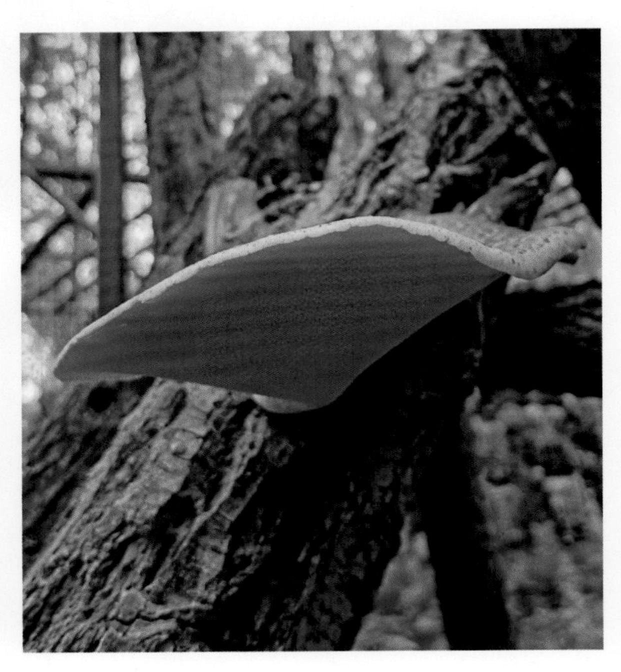

216 奶油栓孔菌
Cubamyces lactineus.

【采集地点】泾源县黄花乡胜利村阔叶树倒木上。

【形态特征】子实体半圆形至贝壳形，木栓质，一年生，菌盖向外可伸长6—7cm，宽可达8cm，表面奶油色、灰色至黄褐色，有明显或模糊的同心环纹，不平整，具突起的疣，边缘钝厚。菌管口表面奶油色至浅黄白色，孔口圆形至多角形。菌肉白色，木栓质。

【生境】春至秋季生于多种阔叶树倒木、树桩上。

【用途】木腐菌，造成木材白色腐朽。

217 裂拟迷孔菌
Daedaleopsis confragosa.

【采集地点】宁夏六盘山国家森林公园阔叶树枯木上

【形态特征】子实体半圆形，扁平，革质或木栓质，2—5cm × 12—8cm，无柄，菌盖表面具放射状细纹和同心圆环，黄褐色至黑褐色。菌褶间距 0.5—1mm，具分叉，并在后侧相互交织，褶缘波浪状。孢子皱折凹陷，无色，光滑。

【生境】春—秋季生于阔叶树栎、桦等的倒木上。单生或群生。

【用途】药用。

218 拟迷孔菌

Daedaleopsis sp.

【采集地点】泾源县城公园树桩上。

【形态特征】子实体单生或丛生，半圆形，革质至木栓质，无柄或基部狭小，有时左右相连。菌盖表面有细绒毛，有环纹和辐射状皱纹，黄褐色，中间颜色较深，边缘生长点白色。菌褶往往有分叉，并于后侧相互交织。

【生境】春季到秋季生于阔叶树的腐木上。

【用途】用途不明。

219 木蹄层孔菌
Fomes fomentarius.

【采集地点】宁夏六盘山国家森林公园阔叶树立木上。

【形态特征】子实体多年生，马蹄形，菌盖直径 5—40cm，灰色、浅褐色、黑褐色，表面有一层角质皮壳，有同心圆环棱，不龟裂，边缘多钝圆。肉质为软木栓质，锈褐色。菌盖多层，锈褐色至黑褐色。管孔面灰色至浅褐色；管孔近圆形，每毫米 3—4 个。孢子长圆形，无色，具疣突。

【生境】生于桦、栎、杨、柳、核桃等阔叶树的树干上，单生或群生，引起活立木、枯立木、倒木、伐木桩白色大理石状腐朽。

【用途】药用。治小孩积食，据报道对多种癌细胞有抑制作用。

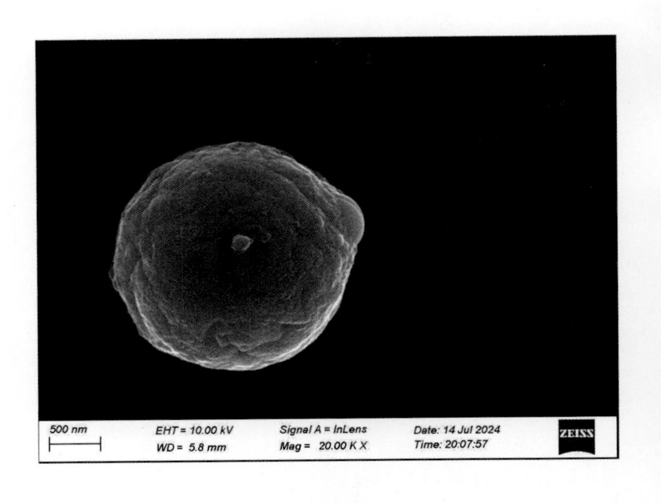

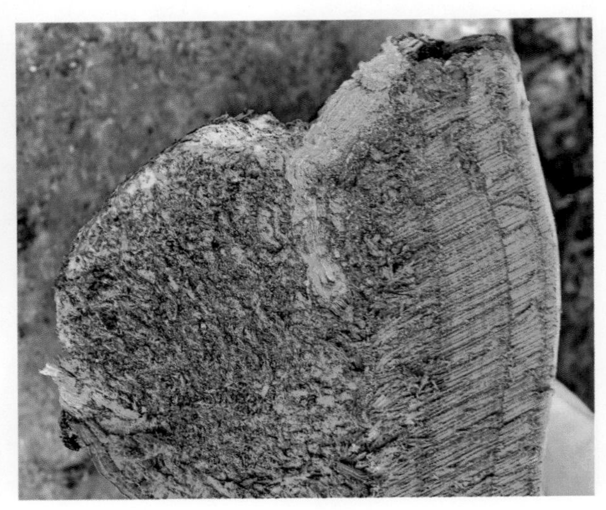

220 管裂褐齿毛菌

Fuscocerrena portoricensis (Fr .) Ryv.

【采集地点】泾源县六盘山镇刘沟村福银高速路边阔叶树树桩上。

【形态特征】子实体菌盖半圆形或者贝壳状，外伸可达 7cm，宽可达 11cm，覆瓦状叠生，菌盖表面被灰色至浅灰色长绒毛，边缘薄而锐，韧革质，具同心圆环。菌管常呈黄褐色至黑褐色，管口多裂成齿状，有的深裂，有的浅裂。孢子圆球形，光滑，无色。

【生境】夏秋季节生于多种阔叶树的枯树、树桩上。覆瓦状叠生。

【用途】造成木材腐朽。

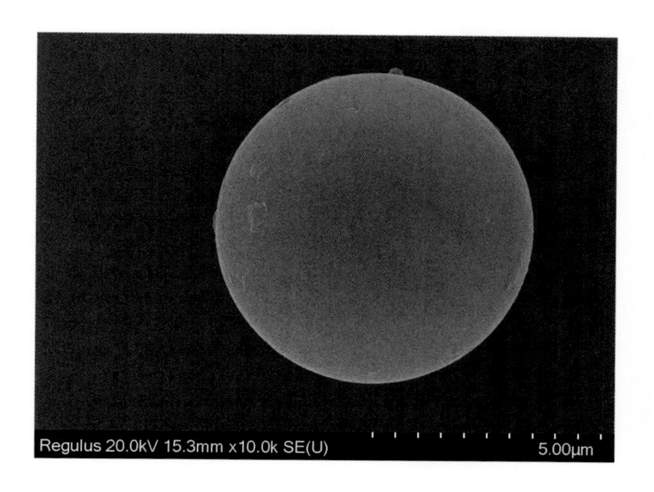

221 齿脉菌属种（脊革菌属）

Lopharia sp.

【采集地点】泾源县城公园阔叶树枯树上。

【形态特征】子实体一年生，平复，革质，长可达40cm，宽可达26cm，厚0.3cm，子实体表面靠基部黑褐色，向外颜色渐浅，浅粉黄色至米黄色，具同心环纹。子实层体表面黄褐色、粉灰色、奶油色，形状不规则，幼时似孔状，成熟时耙齿状或迷宫状，不孕边缘浅黄绿色，可达2—3mm。孢子椭圆形，表面具凹坑。

【生境】夏秋季节生于阔叶树枯木、倒木上。

【用途】造成木材白色腐朽。

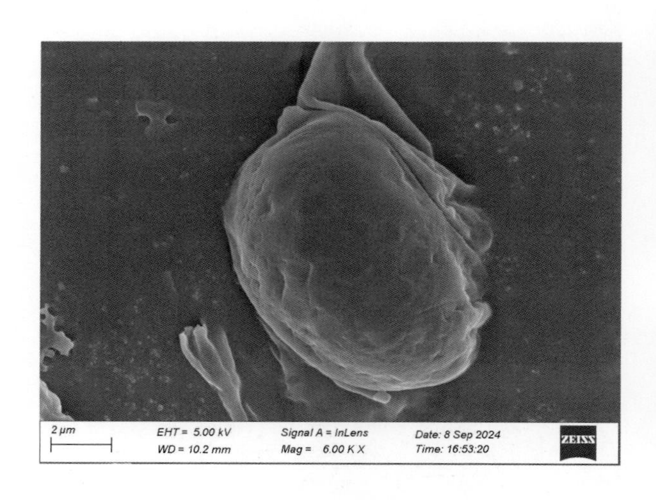

222 齿白木层孔菌
Leucophellinus irpicoides.

【采集地点】宁夏六盘山国家森林公园阔叶树上。

【形态特征】子实体多年生，平伏，革质，长可达30cm，宽可达8cm，厚可达0.15cm，孔口表面新鲜时乳白色、奶油色或乳黄色，不规则形、圆形至扭曲形，边缘薄，撕裂状。不育边缘明显，宽可达0.5cm。菌肉乳黄色。菌管多层。孢子椭圆形，光滑，无色。

【生境】夏秋季节生于槭树活立木上。

【用途】造成木材白色腐朽。

223 褐多孔菌
Picipes badius.

【采集地点】泾源县黄花乡羊槽村倒木上。

【形态特征】子实体菌盖直径 2—4cm，表面光滑，不黏，边缘锐薄，靠一边下凹呈漏斗形，淡黄色。菌孔面乳白色，孔呈迷宫样。菌柄侧生，圆柱形，长 2—3cm，深褐色。孢子椭圆形，一面凹陷，光滑，无色。

【生境】夏秋季节生于阔叶林或混交林中枯木上，单生。

【用途】食毒不明。

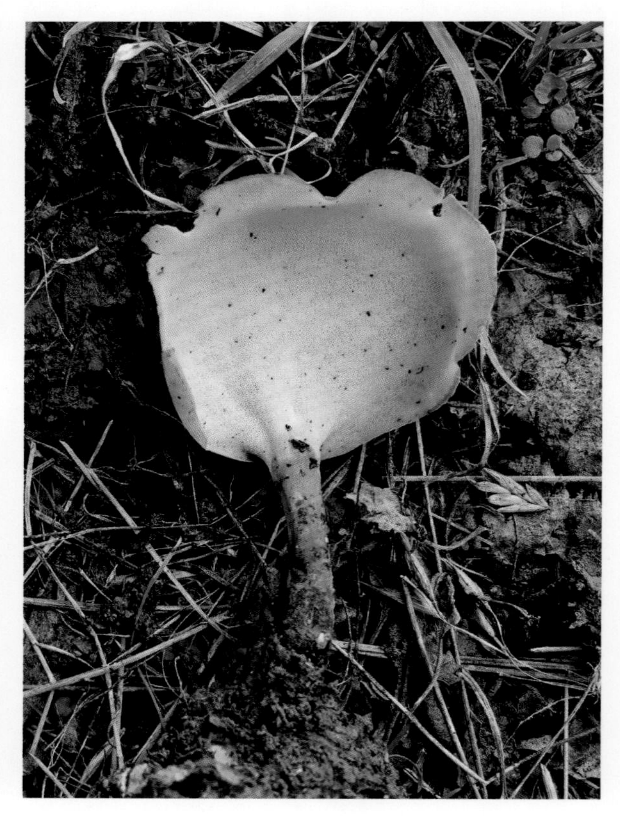

224 帕氏多孔菌
Polyporus parvivarius.

【采集地点】宁夏六盘山国家森林公园阔叶林枯树上。

【形态特征】子实体单生或群生，菌盖漏斗形，边缘常波浪状或裂瓣，直径5—13cm，厚1.5—6mm，新鲜时半肉质，表面鹅黄色，干时变硬，变为茶褐色，光滑，有辐射状细条纹。菌管面奶油色至淡黄色，管孔多角形，延生。菌柄偏生至侧生，长1—5cm，粗0.3—0.8cm，光滑，上部与菌管面同色，基部近黑色。菌肉近白色。孢子圆柱形，光滑，无色。

【生境】夏秋季节生于阔叶树枯木上，有时也生于针叶树枯木上。

【用途】药用。

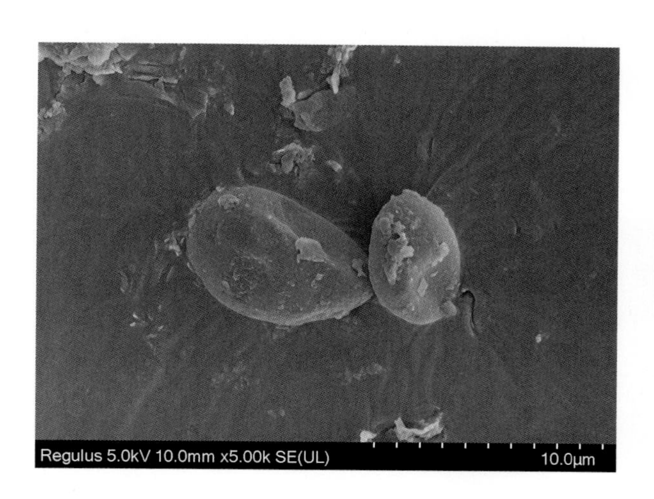

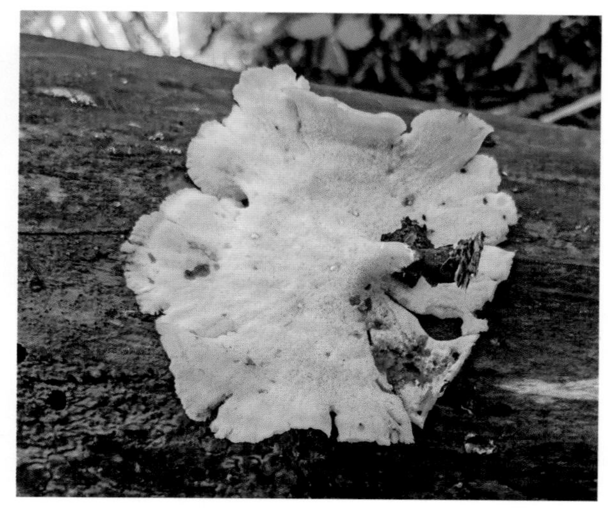

225 黑柄多孔菌
Polyporus mikawai.

【采集地点】宁夏六盘山国家森林公园阔叶林枯树上。

【形态特征】菌盖扇形至圆形，直径4—7cm，表面淡黄色，边缘锐，肉质，光滑，有侧生柄。菌管近圆形或椭圆形，延生，口表面乳白色。菌柄短，基部黑色。孢子近圆球形，光滑，无色。

【生境】夏秋季节生于阔叶树枯树上。

【用途】造成木材白色腐朽。

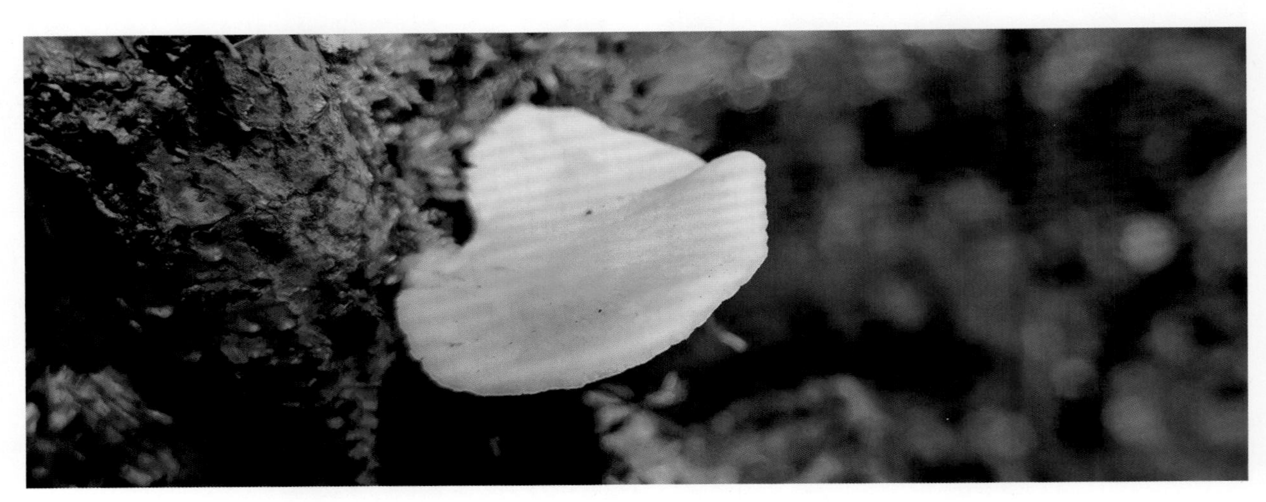

226 宽鳞大孔菌
Polyporus squamosus.

【采集地点】泾源县城公园阔叶树树桩上。

【形态特征】子实体菌盖扇形，直径 4—20cm × 5.5—26cm，有短柄或近无柄，表面黄褐色，有黑褐色鳞片。菌肉白色，质软，干后变薄、脆。菌管延生，白色，管口长形，辐射状排列。菌柄侧生，偶尔近中生，长 2—6cm，粗 1.5—3cm，基部黑色。孢子长椭圆形，光滑，无色。

【生境】春至秋季生于阔叶树（杨、柳、榆、槐等）树干、倒木和树桩上。单生或覆瓦状丛生。

【用途】幼时可食，烘干后味道香。

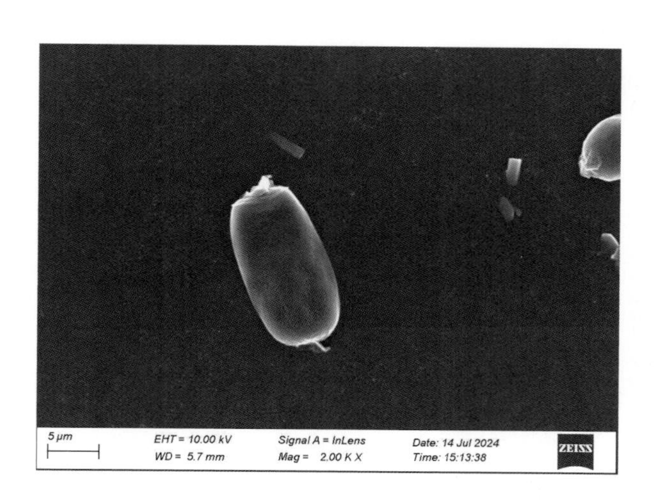

227 多孔菌属种（可能新种 1）

Polyporus sp.

【采集地点】宁夏六盘山国家森林公园阔叶树倒木上。

【形态特征】子实体菌盖丘形至平展，中央脐凹呈浅漏斗状，直径 1.5—5cm，厚可达 0.3cm，柔软革质，干后收缩变硬，湿时复原，表面新鲜时黄褐色，被黄褐色至黑褐色小鳞片，边缘薄。菌肉白色至淡黄色。菌管与菌孔表面同色，长可达 0.2cm，管口大，多角形或椭圆形，放射状排列。孢子椭圆形，光滑，无色。菌柄圆柱形，长 1—6cm，粗 0.2—0.3cm，具有褐色鳞片，与盖同色，中实，硬。

【生境】春—秋季生于多种阔叶树倒木上。群生或丛生。

【用途】食毒不明。造成木材白色腐朽。

228 多孔菌属种（可能新种 2）
Polyporus sp.

【采集地点】宁夏六盘山国家森林公园阔叶树倒木上。

【形态特征】子实体较小，菌盖直径 1—3cm，幼时扁半球形，后渐平展，中央下凹，表面密被深灰色纤毛。菌肉白色。菌管孔口多角形，延生，菌管和管口表面同色，白色。菌柄圆柱形，长 1—2cm，粗 0.3—0.5cm，与盖表面同色，被深灰色纤毛。

【生境】春—秋季生于阔叶树倒木和树桩等腐木上，单生或散生。

【用途】食毒不明。

229 枣红孔韧菌

Porostereum spadiceum.

【采集地点】宁夏六盘山国家森林公园倒木上。

【形态特征】子实体革质，平伏而反卷长檐状，反卷部分长可达 30 多公分，宽 3—6cm，往往相互连接，表面黑褐色，具有密生的绒毛和同心棱纹。子实层茶褐色、枣红色，平滑至具有小疣。子实层和绒毛层之间具有浅色的边缘带。孢子近卵形，光滑，浅色。

【生境】生于阔叶树立木或倒木上。

【用途】木腐菌，造成木材腐朽

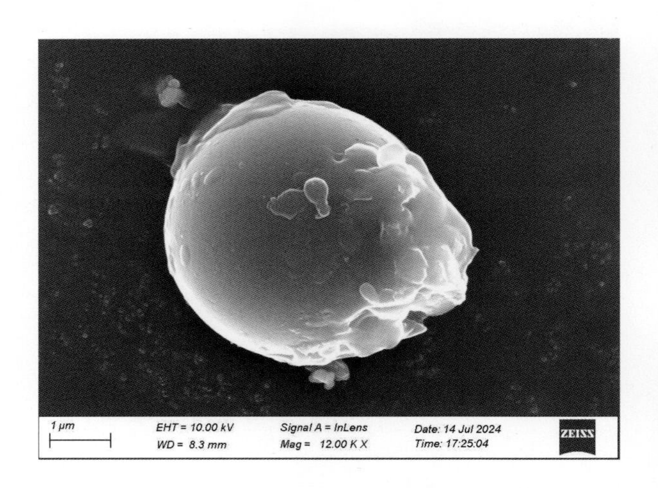

230 绯红密孔菌
Pycnoporus coccineus (Fr.) Bond et Sing.

【采集地点】泾源县黄花乡胜利村混交林榆树倒木上。

【形态特征】子实体菌盖半圆形至扇形，外伸可达3—10cm，表面朱红色，风吹雨打后会褪成淡红色至白色，光滑，无毛，环纹不明显。菌肉木栓质至革质。菌盖下面深红色，菌盖孔口很细，每毫米6—8个。

【生境】夏秋季节生于阔叶树的枯枝和倒木上。群生。

【用途】药用。子实体可治深部脓肿。

231 勃肯肉齿菌
Sistotrema brinkmannii.

【采集地点】宁夏六盘山国家森林公园阔叶树倒木上。

【形态特征】子实体无柄，菌盖半圆形，宽 4—9cm，长 5—10cm，表面不平整，具块状疣，向边缘处具环纹，灰褐色，附有绿色青苔。菌肉厚，韧肉质。菌管面乳白色，附有绿色青苔，孔口近圆形。

【生境】夏秋季节生于阔叶树倒木、树桩或腐木上。单生。

【用途】造成木材腐朽。

232 古巴栓孔菌

Trametes cubensis.

【采集地点】泾源县黄花乡胜利村榆树倒木上。

【形态特征】子实体覆瓦状叠生，菌盖半圆形，外伸5—8cm，表面具同心圆环，粉灰褐色，边缘白色。菌肉白色，厚。菌管浅粉色，孔口近圆形，管口面浅粉色。孢子椭圆形，光滑，一端具芽孔。

【生境】夏秋季节生于阔叶树枯木、倒木和木桩上。单生，叠生。

【用途】食毒不明。

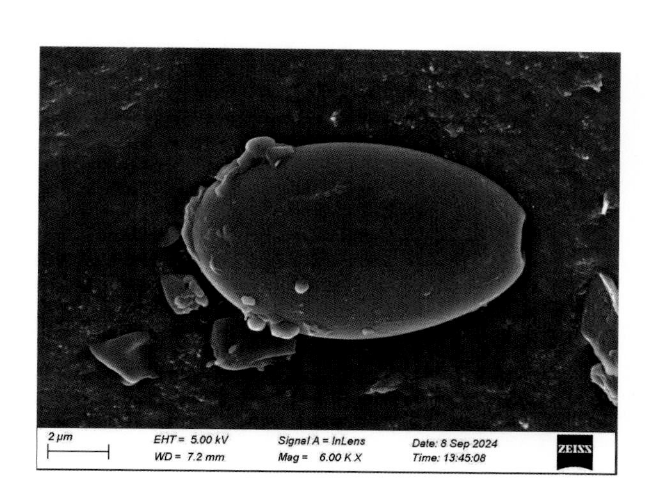

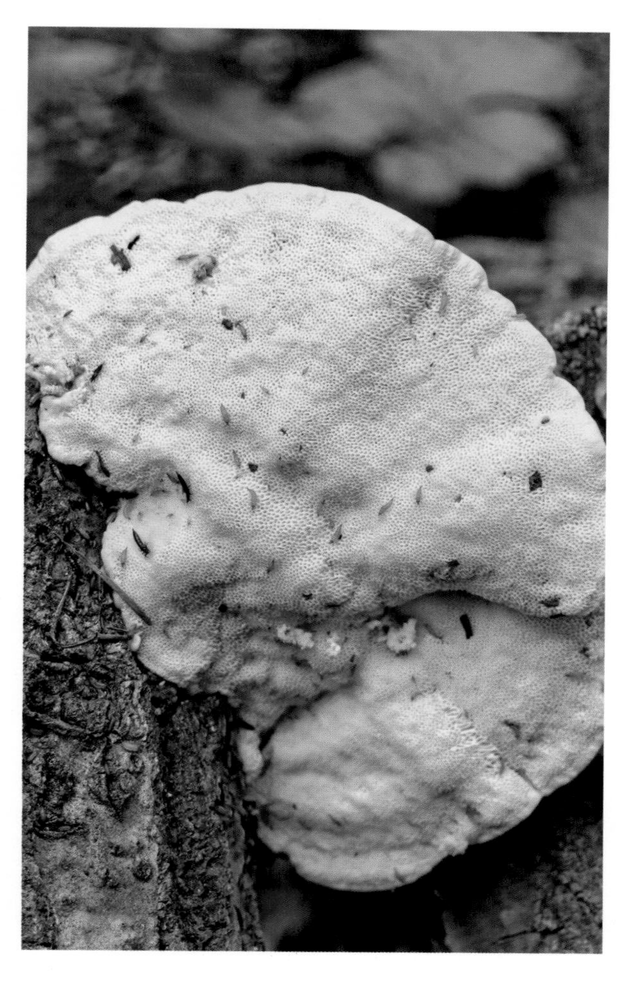

233 毛栓孔菌
Trametes hirsuta (Wulfen) Lloyd.

【采集地点】泾源县黄花乡羊槽村榆树倒木上。

【形态特征】子实体菌盖半圆形或扇形，覆瓦状叠生，革质，外伸可达 10cm，表面乳白色至浅棕黄色，老熟部分常呈青苔的青褐色，被硬毛和细微绒毛，带明显的同心圆环和环沟。边缘锐，黄褐色。孔口表面乳白色至灰褐色，孔多角形。不育边缘不明显。孢子椭圆形，表面凹凸不平，浅灰色。

【生境】春—秋季生于多种阔叶树倒木、树桩和储木上。

【用途】造成木材腐朽。

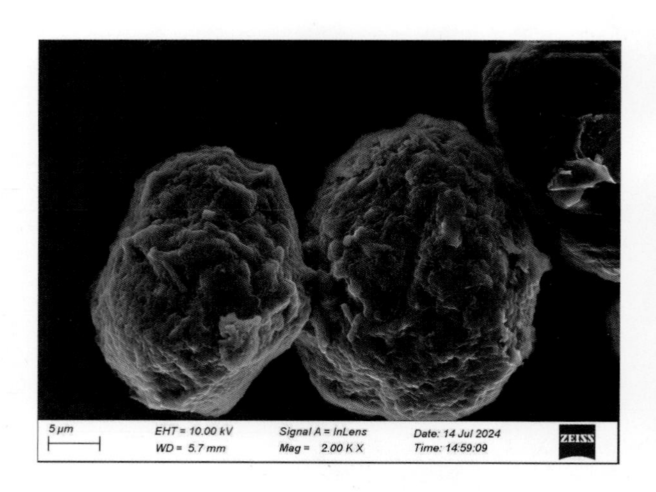

234 香栓孔菌

Trametes suaveolens (L.) Fr.

【采集地点】泾源县黄花乡羊槽村菌草园区榆树倒木上。

【形态特征】子实体菌盖半圆形，木栓质，具有芳香味，菌盖外伸可达 8cm，宽可达 20cm，中部厚可达 4cm，表面乳白色至浅棕黄色，具疣突，边缘钝。孔口表面乳白色至黄褐色，近圆形，不育边缘明显，宽可达 5mm。

【生境】夏秋季节生于杨树等多种阔叶树上。

【用途】造成木材白色腐朽。

235 变色栓菌（云芝栓孔菌）

Trametes versicolor.

【采集地点】泾源县城公园木桩上和六盘山国家森林公园枯木上。

【形态特征】子实体无柄，半圆形至贝壳形，外伸可达 8cm，宽可达 10cm，中部厚可达 0.5cm，覆瓦状叠生，表面颜色变化多样，淡黄色至蓝灰色，被细密绒毛，具同心环带；边缘薄，管孔表面奶油色至烟灰色；管孔多角形至近圆形，每毫米 4—5 个，不育边缘明显，宽可达 2mm。菌肉乳白色。菌管烟灰色至灰褐色，长达 3mm。孢子圆柱形，表面具圆滑疣突，无色。

【生境】春季至秋季生于多种阔叶树倒木、树桩上。

【用途】药用。祛湿、化痰，对多种肿瘤有疗效。

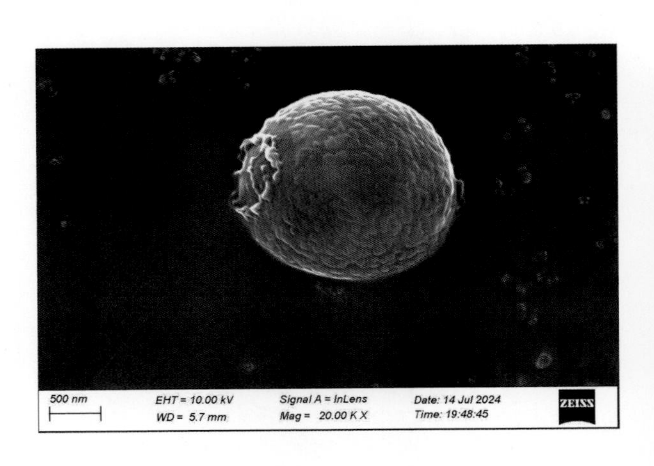

236 云杉乳菇

Lactarius deterrimus Groger.

【采集地点】泾源县生态观光园云杉林中地上。

【形态特征】菌盖橘红色至橘黄色，局部有绿色色调，有不明显的同心圆环，直径5—15cm。菌肉近白色，有发糕状孔隙，不辣。菌褶鲜艳橘黄色，直生，不等长。受伤后会缓慢变绿色。乳汁橘黄色，后缓慢变绿色。菌柄长3—6cm，直径1—3cm，圆柱形，近平滑，颜色较菌盖浅。孢子宽椭圆形至卵形，近无色，有不完整网纹和离散短脊。

【生境】夏秋季节生于云杉林中地上。

【用途】可食用。

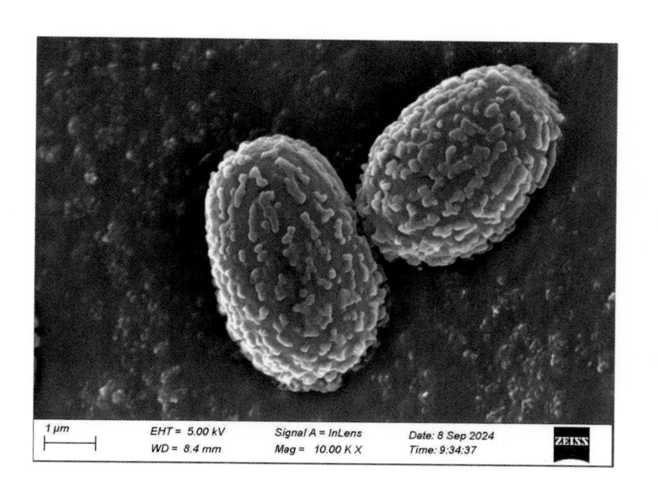

237 松乳菇
Lactarius deliciusos (L.:Fr.) Gray.

【采集地点】泾源县城公园松树林草地上。

【形态特征】子实体菌盖直径5—15cm，幼时扁半球形，后平展，中央下凹，湿时稍黏，黄褐色、胡萝卜黄色、橘黄色，有环纹或无色泽较明显的环带。菌肉初白色后变胡萝卜色。菌褶直生或稍延生，稍密，近柄处分叉，橘黄色，受伤或老后缓慢变绿色。菌柄圆柱形或向上渐细，长3—6cm，粗1—2cm，与菌盖表面同色，具有深色窝斑，内部松软，后变中空。乳汁量少。孢子广椭圆形，有小疣和网纹，无色。

【生境】夏秋季节生于松树林中地上。单生或群生。

【用途】著名食用菌。松树的外生菌根。

238 北欧乳菇
Lactarius fennoscandicus.

【采集地点】泾源县城公园云杉林中地上。

【形态特征】子实体菌盖直径3—8cm，平展后中央下凹，表面铜绿色，无环纹，水渍状。菌肉橘黄色，受伤后变铜绿色。菌褶直生至稍延生，稍密，不等长，橘红色。菌柄圆柱形，长2—4cm，粗1—3cm，大多无窝斑，橙色，表面具白粉色霜，内部松软。乳汁少。

【生境】夏秋季节生于针叶林中地上。单生，散生。

【用途】食毒不明。

239 浅灰香乳菇
Lactarius glyciosmus.

【采集地点】宁夏六盘山国家森林公园内阔叶林中地上。

【形态特征】菌盖直径 4—8.5cm，初期扁半球形，后平展，中部下凹呈浅漏斗形，表面灰色、灰绿色至赭色，具粉色或淡奶油色调，中间凹陷，盖缘下垂，波状，略黏滑。菌肉灰白色，受伤后不变色，具椰子香气。菌褶直生至延生，较密，不等长，灰绿色显粉色调。菌柄圆柱形，长 3—8cm，粗 0.6—0.8cm，近等粗，与菌盖同色，光滑。孢子淡黄色。

【生境】夏秋季节生于阔叶林中地上。散生或群生。

【用途】食用。外生菌根菌，与桦树形成菌根。

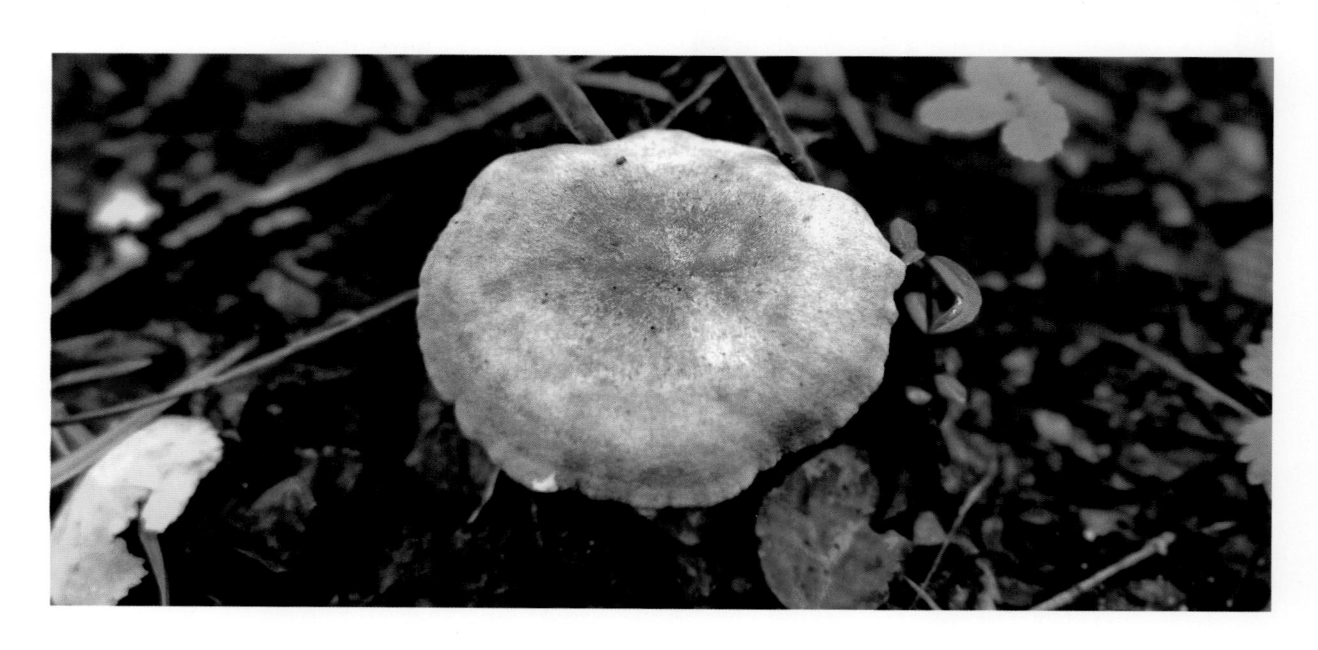

240 绒边乳菇
Lactarius pubescens.

【采集地点】泾源县香水镇上桥村针阔混交林中草地上。

【形态特征】菌盖直径 5—14cm，初期扁半球形，边缘内卷具白色长绒毛，后展开中部下凹，表面覆纤细毛状鳞片，污白色至粉白色。菌肉较厚，白色，辛辣味。菌褶密，直生至延生，粉红色，有的老时呈黄褐色，不等长。菌柄圆柱形，较粗，长 2.5—4cm，粗 1—1.5cm，表面光滑，与菌盖同色，内部松软至空心。孢子宽椭圆形，具疣突，无色。

【生境】夏秋季节生于阔叶树林或混交林中草地上。散生或群生。

【用途】有毒，不宜采食。

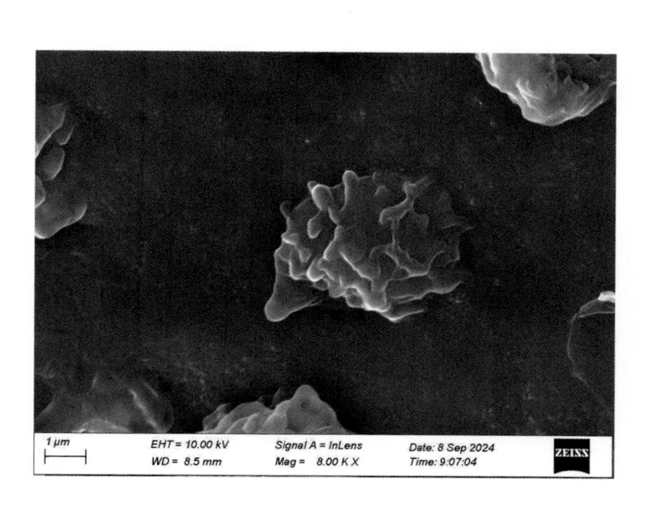

241 乳菇属种（可能新种）

Lactarius sp.

【采集地点】宁夏六盘山国家森林公园阔叶林中地上。

【形态特征】子实体中等大，菌盖直径5—10cm，幼时扁半球形，平展后菌盖边缘上翻，中央下凹呈漏斗状，表面光滑，黄褐色。菌肉白色。菌褶延生，不等长，稀，褶间具横脉，幼时淡黄色，后变黄褐色。菌柄圆柱形，长5—8cm，粗1—1.4cm，表面光滑，与盖同色，中间松软至中空。

【生境】夏秋季节生于阔叶林中地上。单生，群生。

【用途】食毒不明。

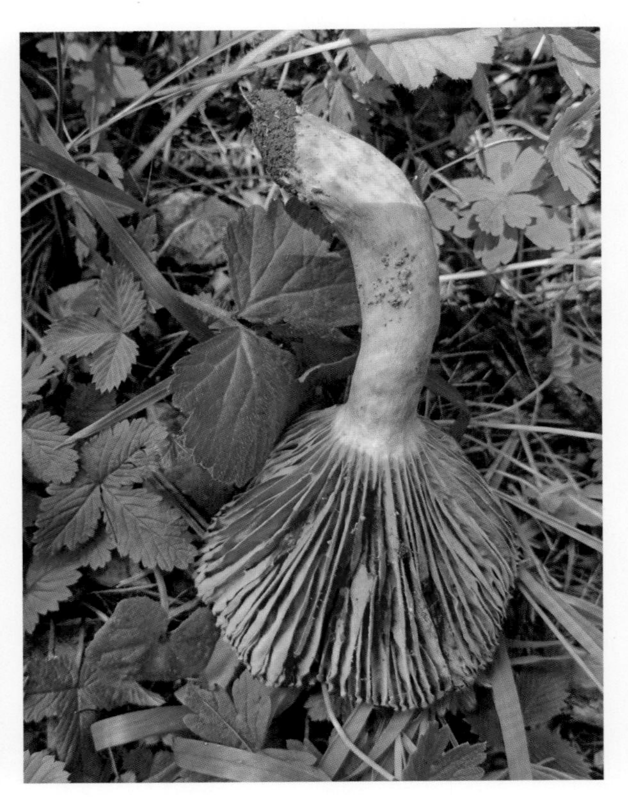

242 毛头乳菇
Lactarius torminosus.

【采集地点】宁夏六盘山国家森林公园阔叶林中地上。

【形态特征】子实体菌盖直径5—13cm，幼时扁半球形，边缘内卷，后平展中部下凹，有时具环纹，边缘具突出盖缘的长毛，表面湿黏，被覆绒毛状鳞片，粉红色、淡红褐色。菌肉厚，近白色。菌褶直生至短延生，密，不等长，淡粉红色、淡黄褐色。乳汁白色，不变色，很辣。菌柄圆柱形，长2—4.5cm，粗1—2cm，等粗或向上渐细，淡粉色，中间松软至空。孢子具不规则的脊相连为不完整的网纹。

【生境】夏秋季节生于阔叶林中地上。散生或群生。

【用途】有毒，误食会导致胃肠炎型中毒或四肢发炎疼痛。

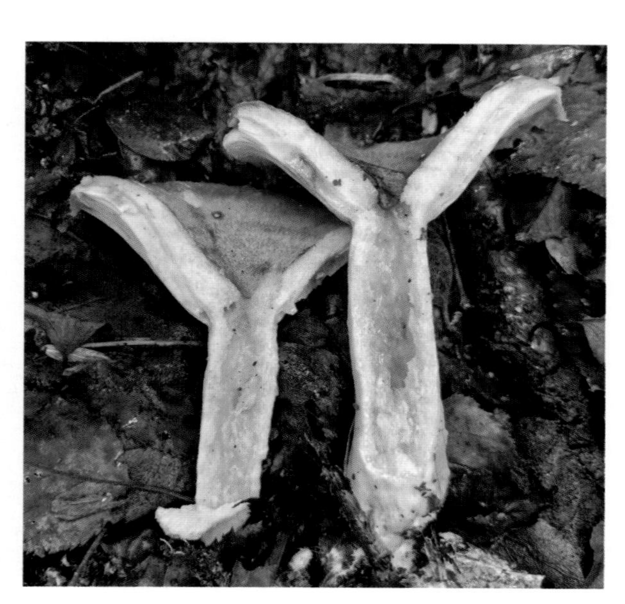

243 毒红菇
Russula emetica.

【别名】呕吐红菇、诱吐红菇。

【采集地点】宁夏六盘山国家森林公园阔叶林中地上。

【形态特征】子实体菌盖直径 5—12cm，扁半球形，后平展，中部下凹，表面湿时黏，浅粉红色、血红色、珊瑚红色，表皮易剥离，边缘色淡有棱纹。菌肉薄，白色，近表皮处红色，味道很辛辣，稍有水果气味。菌褶弯生至离生，较稀，等长，褶间具横脉，白色。菌柄圆柱形，长 4—9cm，粗 0.8—2.2cm，白色至粉红色，内部松软。孢子宽椭圆形或近球形，无色，有明显小刺和网纹。

【生境】夏秋季节生于阔叶林或针叶林中地上。单生，散生，群生。

【用途】有毒。与多种阔叶树和针叶树形成外生菌根。

244 非白红菇
Russula exalbicans.

【采集地点】泾源县黄花乡羊槽村和香水镇下桥村的桦树林中地上。

【形态特征】子实体菌盖直径6—13cm，初为半球形，后平展，完全展开后中间下凹，边缘没有条纹，幼时鲜红色，后逐渐变淡白红色。菌褶直生，较密，有小菌褶，白色至淡黄色。菌肉白色。菌柄圆柱形，基部较粗，往上渐细，长6—13cm，有纵向条纹，乳白色至水红色，上部颜色较深，中间组织较疏松。孢子近球形至宽椭圆形，近无色至微黄色，表面有疣刺。

【生境】夏秋季节生于桦树林中地上。

【用途】可食用。

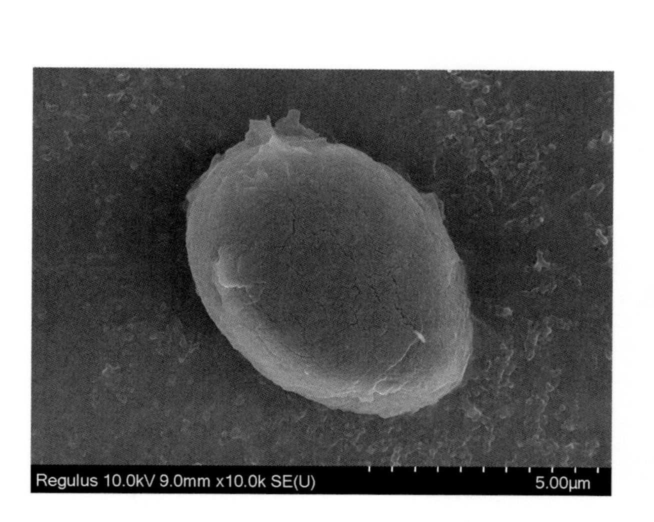

245 香红菇

Russula odorata.

【采集地点】泾源县香水镇下桥村阔叶林中地上。

【形态特征】子实体小至中型，菌盖直径2.5—5cm，幼时半球形，后扁半球形至平展，表面湿时胶黏，干燥后光滑，边缘无条纹或具不明显的短条纹，菌盖表皮从边缘至中央方向可剥离，表面颜色多变：酒红色、暗紫褐色、紫橄榄色、红铜色，个别有微弱的黄绿色色调。菌肉较厚，幼时白色，老后略变奶油色，受伤后略变浅黄褐色，有水果香味。菌褶直生，至稍弯生，密，褶间具横脉，幼时白色，成熟后奶油色至深奶油色，受伤不变色。菌柄圆柱形，长2.5—5cm，粗0.5—1.2cm，白色，老时部分略带浅黄色，受伤后变浅黄色，表面光滑，初内实，后中空。孢子印浅赭黄色至浅黄色。

【生境】夏秋季节生于阔叶林或混交林中地上。单生，散生。

【用途】食毒不明。与一些阔叶树种形成外生菌根。

246 菱红菇

Russula vesca Fr.

【采集地点】泾源县香水镇泾隆公路边桦树林中草地上。

【形态特征】菌盖直径4—9.5cm，幼时近圆形，后扁半球形，最后平展，中部下凹，颜色变化多，有酒褐色、浅红褐色、浅褐色和菱角色，菌盖表皮短，不达菌盖的边缘，菌褶尖端露出菌盖，边缘呈锯齿状，菌盖边缘老时具短条纹。菌肉白色，后变污淡黄色。菌褶直生，密，几乎等长，基部常有分叉，褶间具横脉，白色或稍带乳黄色，褶缘常染有锈褐色斑点。菌柄圆柱形或基部略细，长2.5—5.8cm，粗1—2.5cm，内实，后松软，污白色，基部常略变黄色或褐色，表面常具纵向细纹。

【生境】夏秋季节生于混交林中地上。单生、散生。

【用途】食用、药用。

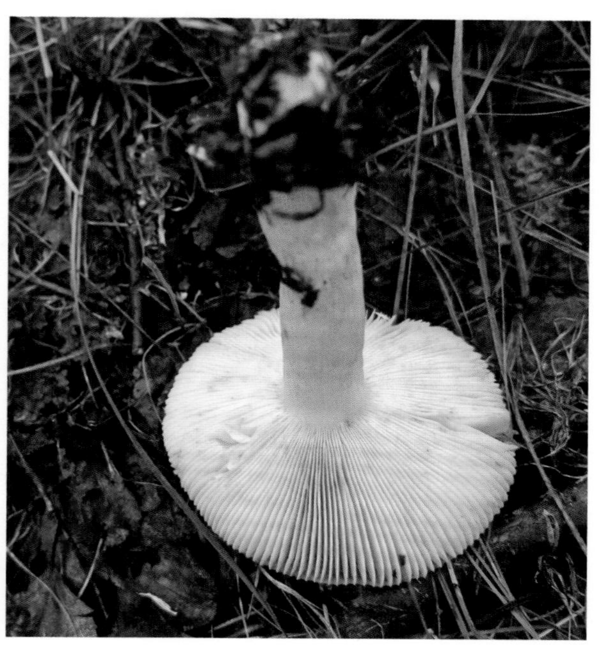

247 锈红软韧革菌
Stereum sp.

【采集地点】泾源县黄花乡羊槽村菌草园区榆树倒木上。

【形态特征】子实体平伏、平伏反卷，菌盖相连，新鲜时软革质，无臭无味，干后硬革质至脆质。菌盖外伸可达 3cm，宽可达 6cm，子实层奶油色，后期锈红色，光滑，具疣突；表面灰白色、橄榄黄色至黄紫色，被灰白色绒毛，边缘锐，波状，奶油色。

【生境】夏秋季节生于榆树上。群生，叠生。

【用途】造成木材腐朽。

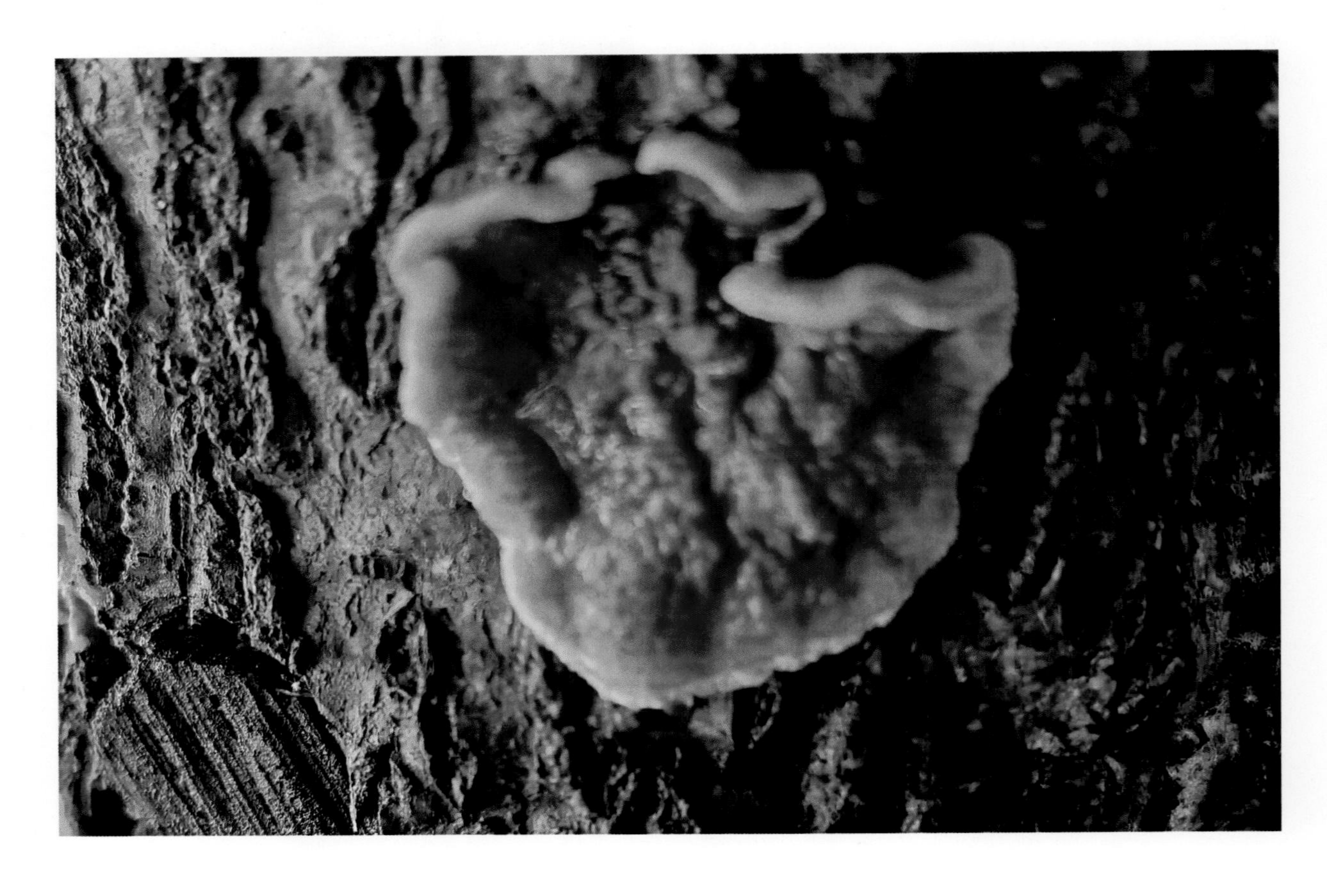

248 石竹色革菌
Thelephora caryophyllea.

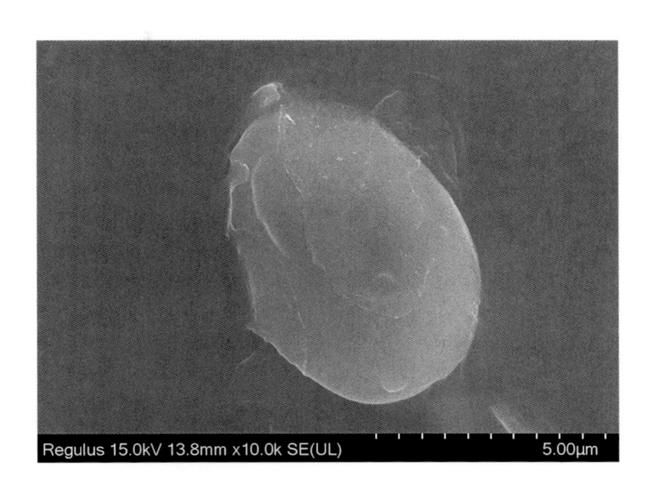

【采集地点】泾源县城公园针叶林中地上。

【形态特征】子实体漏斗形，单生或丛生，革质，有条纹，石竹色至黑褐色，中间颜色深，边缘生长点为白色，表面粗糙不黏，有木质感。无菌褶。菌柄长 3—5cm，深褐色。孢子近卵形，表面淡褐色，有散生刺。

【生境】夏秋季节生于针叶林中地上。

【用途】与树木形成外生菌根关系

249 橙耳
Tremella cinnabarina (Mont.) Pat.

【采集地点】泾源县香水镇泾隆公路边阔叶林中枯木上。

【形态特征】子实体胶质，橙黄色、硫黄色或褪至淡黄白色，长 1—7cm，高 1—4cm，由中空泡状瓣片组成。子实层遍生，形成一紧密的表层。

【生境】春秋季节生于阔叶林中倒木或枯枝上。

【用途】据说有微毒。

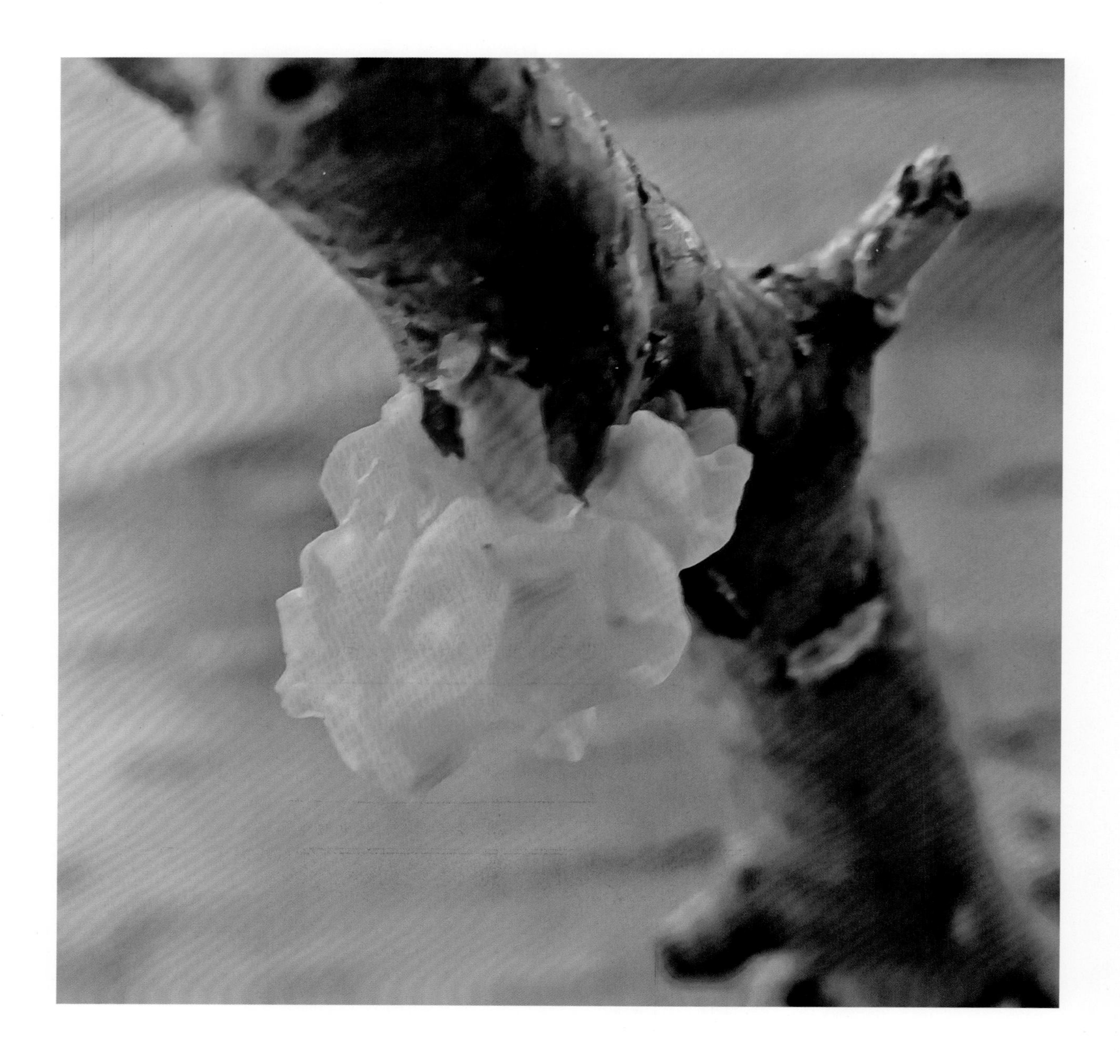

250 银耳
Tremella fuciformis Berk.

【采集地点】泾源县黄花乡羊槽村栎树枯木上。

【形态特征】子实体胶质，新鲜时纯白色，半透明，耳基黄色或黄褐色，鸡冠形或菊花形，大小不一，4—25cm。干后角质，硬而脆，白色或米黄色。担孢子无色透明（成堆时白色）。

【生境】春秋季节生于栎、杨、柳、榆、桐、乌桕等阔叶树枯木或倒木上。

【用途】中国著名食用菌。食用、药用。

菇菌名称拉汉对照

(以拉丁字母为序)

A

B

C

H

I

K

L

M

P

Rhodophyllus hainanense T.H. Li & Xiao Lan He =Entoloma hainanense T.H. Li & Xiao Lan He. 143. 海南粉褶蕈（172）

Rhodophyllus prunuloides (Fr.) Ouél. 144. 霜白粉褶菌（173）

Rhodophyllus turbidus (Fr.) Ouél. 146. 锥盖粉褶菌（175）

Rugosomyces pseudoflammula. 92. 假金丽蘑（121）

Russula emetica. 243. 毒红菇（272）

Russula exalbicans. 244. 非白红菇（273）

Russula odorata. 245. 香红菇（274）

Russula vesca Fr. 246. 菱红菇（275）

S

Schizophyllum cmmune Fr. 147. 裂褶菌（176）

Sistotrema brinkmannii. 231. 勃肯肉齿菌（260）

Spathularia flavida pers.:Fr. 10. 黄地勺菌（37）

Stereum sp. 247. 锈红软韧革菌（276）

Stropharia sp. 155. 球盖菇属种（184）

Stropharia sp. 156. 球盖菇属种 (可能新种)（185）

Suillellus subamygdalinus. 198. 亚杏仁状乳牛肝菌（227）

Suillus clintonianus. 194. 克林顿乳牛肝菌（223）

Suillus granulatus (L) Roussel. 195. 点柄乳牛肝菌（224）

Suillus grevillei (Klotzsch) Sing. 196. 厚环乳牛肝菌（225）

Suillus luteus. 197. 褐环乳牛肝菌（226）

Suillus viscidus. 199. 灰乳牛肝菌（228）

T

Thelephora caryophyllea. 248. 石竹色革菌（277）

Trametes cubensis. 232. 古巴栓孔菌（261）

V

X

参考文献

[1] 李玉，李泰辉，杨祝良，等 . 中国大型菌物资源图鉴 . 郑州：中原农民出版社，2015.

[2] 黄年来 . 中国大型真菌原色图鉴 . 北京：中国农业出版社，1998.

[3] 陈作红，杨祝良，图力古尔，等 . 毒蘑菇识别与中毒防治 . 北京：科学出版社，2016.

[4] 黄年来，吴经纶 . 福建菌类图鉴第一集 . 福建省三明地区真菌试验站，1973.

[5] 黄年来，吴经纶 . 福建菌类图鉴第二集 . 福建省三明地区真菌研究所，1978.

[6] 杨祝良，吴刚，李艳春，等 . 中国西南地区常见食用菌和毒菌 . 北京：科学出版社，2021.

[7] 杨祝良，王尚华，吴刚 . 云南野生菌 . 北京：科学出版社，2022.

[8] 杨祝良 . 中国真菌志·第六十三卷牛肝菌科（Ⅲ）. 北京：科学出版社，2023.

[9] 杨祝良 . 中国真菌志·第五十二卷环柄菇类（蘑菇科）. 北京：科学出版社，2019.

[10] 杨祝良 . 中国鹅膏科真菌图志 . 北京 : 科学出版社，2015.

[11] 图力古尔 . 中国真菌志·第五十三卷丝盖伞科 . 北京：科学出版社，2022.

[12] 范黎 . 中国真菌志·第五十四卷马勃目（马勃科 栓皮马勃科）. 北京：科学出版社，2019.

[13] 戴玉成 . 中国真菌志·第五十七卷锈革孔菌目 . 北京：科学出版社，2018.

[14] 崔宝凯，戴玉成 . 中国真菌志·第五十八卷多孔菌科（续 1）. 北京：科学出版社，2021.

[15] 文华安，李国杰 . 中国真菌志·第七十一卷红菇属 . 北京：科学出版社，2024.

[16] 图力古尔 . 中国真菌志·第七十二卷球盖菇科（2）. 北京：科学出版社，2024.

[17] 图力古尔 . 中国真菌志·第四十九卷球盖菇科（1）. 北京：科学出版社，2014.

[18] 图力吉尔 . 蕈菌分类学 . 北京：科学出版社，2018.

[19] 图力古尔，娜琴，刘丽娜 . 中国小菇科真菌图志 . 北京：科学出版社，2021.

[20] 彼得·罗伯茨，谢利·埃文斯 . 蘑菇博物馆 . 李玉等译 . 北京：北京大学出版社，2017.

[21] 李泰辉，宋相金，宋斌，等 . 车八岭大型真菌图志 . 广州：广东科技出版社，2017.

[22] 朱学泰，蒋长生 . 甘肃连城国家级自然保护区大型真菌图鉴 . 北京：中国林业出版社，2021.

[23] 潘保华 . 山西大型真菌野生资源图鉴 . 北京：科学技术文献出版社，2018.

[24] 张永安 . 北京九龙山大型真菌图谱 . 北京：中国林业出版社，2020.

[25] 吴兴亮 . 中国茂兰大型真菌 . 北京：科学出版社，2017.

[26] 吴兴亮，陈光平，宋斌，等 . 中国宽阔水大型真菌 . 北京：科学出版社，2021.

[27] 吴兴亮，谭伟福，宋斌，等 . 中国广西大型真菌 . 北京：中国林业出版社，2021.

[28] 托马斯·莱瑟斯 . 蘑菇大百科 . 郝艳佳译 . 长沙：湖南科学技术出版社，2020.

[29] 大作晃一，吹春俊光，吹春公子 . 实用野生蘑菇鉴别宝典 . 吴筱茜译 . 北京：中国轻工业出版社，2024.

[30] 托马斯·莱瑟斯 . 蘑菇：全世界 500 多种蘑菇的彩色图鉴 . 北京：中国友谊出版公司，2008.

[31] 英国皇家植物园邱园基金会 文，凯蒂·斯科特图 . 菌菇博物馆 . 颜晨译 . 兰州：甘肃少年儿童出版社，2021.

[32] 李泰辉，蒋谦才，邢佳慧，等 . 中山市大型真菌图鉴 . 广州：广东科技出版社，2021.

[33] 徐彪，宋佳歌，邱君志 . 新疆托木尔峰国家级自然保护区大型真菌图鉴 . 长春：吉林大学出版社，2022.

[34] 张明，邓旺秋，李泰辉，等 . 罗霄山脉大型真菌编目与图鉴 . 北京：科学出版社，2023.

[35] 王术荣，常明昌，孟俊龙 . 太行山区野生蘑菇图鉴（第一卷）. 北京：化学工业出版社，2024.

[36] 张颖，周彤燊 . 横断山脉老君山大型真菌 . 北京：科学出版社，2023.

[37] 王术荣 . 吕梁山区大型真菌图鉴（第一卷）. 北京：中国农业科学技术出版社，2022.

[38] 刘旭东 . 中国野生大型真菌彩色图鉴（1）. 北京：中国林业出版社，2002.

[39] 刘旭东 . 中国野生大型真菌彩色图鉴（2）. 北京：中国林业出版社，2004.

[40] 宋刚，孙丽华，王黎元，等 . 贺兰山大型真菌图鉴 . 银川：阳光出版社，2011.

[41] 邓春英，康超，王晶 . 中国斗篷山大型真菌 . 贵阳：贵州科技出版社，2022.

[42] 赵宽，曹锐 . 江西九岭山大型真菌图鉴 . 南昌：江西人民出版社，2022.

[43] 桂阳 . 毕节大型真菌图鉴 . 北京：中国农业出版社，2023.

[44] 赵瑞琳，季必浩 . 浙江景宁大型真菌图鉴 . 北京：科学出版社，2021.

[45] 邓旺秋，张明，钟祥荣 . 中国南海岛屿大型真菌图鉴 . 广州：广东科技出版社，2020.

[46] 伍建榕 . 滇东南大型真菌彩色图鉴 . 北京：科学出版社，2021.

[47] 顾新伟，何伯伟 . 浙南山区大型真菌 . 杭州：浙江科学技术出版社，2012.

[48] 邱礼鸿 . 康乐园大型真菌图鉴 . 广州：中山大学出版社，2023.

[49] 王向华，刘培贵，于富强 . 云南野生商品蘑菇图鉴 . 昆明：云南科技出版社，2004.

[50] 何晓兰，彭卫红，王迪 . 四川重要野生食用菌蕈菌图鉴 . 北京：科学出版社，2021.

[51] 肖波，范宇光 . 常见蘑菇野外识别手册 . 重庆：重庆大学出版社，2010.

[52] 庄文颖，郑焕娣，曾昭清 . 中国生物物种名录第三卷 . 北京：科学出版社，2018.

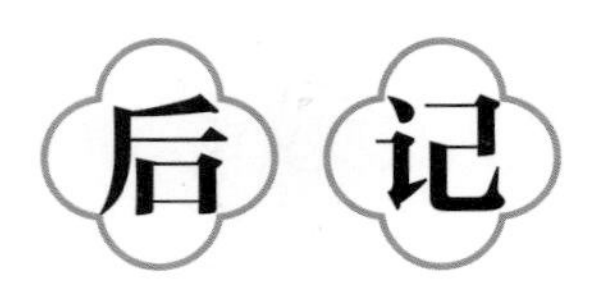

经过近3年时间，本书终于付梓。本书缘起于2022年4月宁夏泾源县委书记王荣和笔者的一次见面，当时王荣书记希望笔者能够帮助开发六盘山野生菇资源，笔者当时抱着试试看的态度接受了任务。笔者虽然长期在宁夏参与闽宁协作工作，对六盘山不能说不熟悉，但对六盘山更全面和深入的了解，还是在对六盘山大型野生真菌调查后，没有想到六盘山有那么多的大型野生真菌种类，在这里发现了许多在西北地区少见的野生菇品种，发现了多种疑似新种。

六盘山大型野生真菌调查工作和本书的出版，得到了泾源县委、县政府的大力支持，泾源县委书记王荣亲自审定了本书的书名，并提出了许多宝贵意见，县长马晓红、县委副书记张明、副县长马义杰等领导对六盘山大型野生真菌调查和本书的出版给予了应有的关心和帮助，在此一并表示诚挚的感谢。

中国科学院院士谢联辉教授，不顾高龄对笔者给予了指导并作了序；福建农林大学校长兰思仁教授，对六盘山大型野生真菌的调查和本书的出版非常关心支持，还在百忙之中为本书作了序；福建农林大学国家菌草工程技术研究中心首席科学家林占熺研究员对六盘山大型野生真菌的调查工作给予了大力支持；在此向他们表示深深的敬意和衷心的感谢。

泾源县科技局马志宏、马丽萍、常志福和泾源县农业农村局糟海学等领导，宁夏水舟缘农林科技有限公司总经理马玉芳，为六盘山大型野生真菌的调查和本书的出版提供了应有的帮助；在此一并致谢。

由于笔者知识和水平有限，书中肯定存在不足和错误之处，敬请专家和读者批评指正。

笔　者

2024年10月26日